U0644517

人生十論

〔新校本〕

錢穆作品集

九州出版社

圖書在版編目（CIP）數據

人生十論 / 錢穆著 . -- 北京 : 九州出版社 ,2021.12
ISBN 978-7-5225-0768-2

Ⅰ . ①人… Ⅱ . ①錢… Ⅲ . ①人生哲學 - 研究 Ⅳ .
① B821

中國版本圖書館 CIP 數據核字 (2021) 第 258988 號

人生十論

著　　者　錢　穆
責任編輯　張皖莉　張艷玲　周弘博
出版發行　九州出版社
裝幀設計　呂彥秋
地　　址　北京市西城區阜外大街甲 35 號
郵　　編　100037
發行電話　（010）68992190/3/5/6
網　　址　www.jiuzhoupress.com
印　　刷　三河市興博印務有限公司
開　　本　880 毫米 ×1230 毫米　32 開
印　　張　7.75
字　　數　170 千字
版　　次　2022 年 6 月第 1 版
印　　次　2022 年 6 月第 1 次印刷
書　　號　ISBN 978-7-5225-0768-2
定　　價　88.00 元

版權所有　侵權必究

新校本說明

錢穆先生全集，在臺灣經由錢賓四先生全集編輯委員會整理編輯而成，臺灣聯經出版事業公司一九九八年以「錢賓四先生全集」為題出版。作為海峽兩岸出版交流中心籌劃引進的重要項目，這次出版，對原版本進行了重排新校，訂正文中體例、格式、標號、文字等方面存在的疏誤。至於錢穆先生全集的內容以及錢賓四先生全集編輯委員會的注解說明等，新校本保留原貌。

九州出版社

出版說明

本書為錢賓四先生一九四九*年至香港以後，所撰討論人生問題文稿之結集。其論人生，大旨皆從中國舊傳統、舊觀念闡發，但亦未見其與現時代新潮流、新趨勢有所違背。主要不在稱述古人，乃在求古今之會通和合。讀者淺求之，可得當前個人立身處世之要；深求之，則可由此進窺古籍，知得中國人所講一套道理，仍未與現代局勢有大相反、大隔離處。無論做人、為學，此書皆可啟其端緒，為一切近之入門書。讀此一編，宜可於日常生活有所裨益。

本書於一九五五年五月，由香港人生出版社初版。一九八二年七月，先生親將全書文字略作修訂，並增添一九七八年在香港大學所講「人生三步驟」，及一九八〇年六月在臺北故宮博物院所講「中國人生哲學」四講，交由臺北東大圖書公司再版發行。今全集整理，即以此增訂版為底本，又新增相類之文人之三品類、身生活與心生活、人學與心學、談談人生凡四篇。全書通加私名號、書名

*新校本編者注：原文為「民國」紀年。下同。

號、引號，並重作分段處理，以利閱讀。凡此次新增各篇，目次中添注「*」號。排校工作雖力求慎重，錯誤疏漏之處，在所難免，敬希讀者不吝匡正。

本書由邵世光小姐負責整理。

錢賓四先生全集編輯委員會　謹識

目次

自序

或許是我個人的性之所近吧！我從小識字讀書，便愛看關於人生教訓那一類話。猶憶十五歲那年，在中學校，有一天，禮拜六下午四時，照例上音樂課。先生彈着琴，學生立着唱。我旁坐一位同學，私自携着一册小書，放坐位上。我隨手取來翻看，却不禁發生了甚大的興趣。偷看不耐煩，也沒有告訴那位同學，拿了那本書，索性偷偷離開了教室，獨自找一僻處，直看到深夜，要歸宿舍了，纔把那書送回那同學。這是一本曾文正公的家訓。可憐我當時枉為了一中學生，連書名也根本不知道。當夜一宿無話，明天是禮拜日，一清早，我便跑出校門，逕自去大街，到一家舊書舖，正在開卸門板，我從門板縫側身溜進去，見着店主人忙問：「有曾文正公家訓嗎？」那書舖主人答道：「有。」我驚異地十分感到滿意。他又說家訓連着家書，有好幾册，不能分開賣。那書舖主人打量我一番，說：「你小小年紀，要看那樣的正經書，眞好呀！」我聽他說，又像感到了一種不可名狀的喜悅和光榮。他在書堆上檢出了一部，比我昨夜所看，書品大，墨字亮，我更感高興。他要價不過幾角錢。我把書價照給了。他問：「你是學生嗎？」我答：「是。」「那個學校呢？」我也說了。他說：「你一清早從你學校來此地，想來還沒有喫東西。」他留我在他店鋪早餐，我欣然留下了。他和我談了許多話，他說：下次要什麼書，儘來他鋪子，可以借閱，如要買，決不欺我年幼索高價。以後我常常去，他這一本那一本的書給我介紹，成為我一位極信任的課外讀書指導員。他並說：「你只愛，便拿去。一時沒有錢，不要緊，我記在賬上，你慢慢地還。」轉瞬暑假了，他說：「欠款儘不妨，待明春開學你來時再說吧！」如是我因那一部曾文正公家訓，結識了一位書鋪老闆，兩年之內，買了他許多廉價的書。

似乎隔了十年，我在一鄉村小學中教書，而且自以為已讀了不少書。有一天，那是四月初夏之傍晚，獨自拿着一本東漢書，在北廊閒誦，忽然想起曾文正公的家書家訓來，那是十年來時時指導我讀書和做人的一部書。我想，曾文正教人要有恒，他教人讀書須從頭到尾讀，不要隨意翻閱，也不要半途中止。我自問，除卻讀小說，從沒有一部書從頭通體讀的。我一時自慚，想依照曾文正訓誡，痛改我舊習。我那時便立下決心，即從手裏那一本東漢書起，直往下看到完，再補看上幾册。全部東漢書看完了，再看別一部。以後幾十册幾百卷的大書，我總耐着心，一字字，一卷卷，從頭看。此後我稍能讀書有智識，至少這一天的決心，在我是有很大影響的。

又憶有一天，我和學校一位同事說：「不好了，我快病倒了。」那同事卻說：「你常讀論語，這時正好用得着。」我一時茫然，問道：「我病了，論語何用呀？」那同事說：「論語上不說嗎？『子之所慎，齋、戰、疾。』你快病，不該大意疏忽，也不該過分害怕，正是用得着那『慎』字。」我一時聽了他話，眼前一亮，纔覺得論語那一條下字之精，教人之切。我想，我讀論語，把這一條忽略了，臨有用時不會用，好不愧殺人？於是我纔更懂得曾文正家訓教人「切己體察，虛心涵泳」那些話。我經那位同事這一番指點，我自覺讀書從此長進了不少。

我常愛把此故事告訴給別人。有一天，和另一位朋友談起了此事。他說：「論語眞是部好書，你最愛論語中那一章？」這一問，又把我楞住了。我平常讀論語，總是平着散着讀，有好多處是忽略了，卻沒有感到最愛好的是那一章。我只有說：「我沒有感到你這問題上，請你告訴我，你最愛的是那一章呢？」他朗聲地誦道：「飯疏食，飲水，曲肱而枕之，樂亦在其中矣。不義而富且貴，於我如浮雲。」「我最愛誦的是這一章」，他說。我聽了，又是心中豁然一朗，我從此讀書，自覺又長進了一境界。

凡屬那些有關人生教訓的話，我總感到親切有味，時時盤旋在心中。我二十四五歲以前讀書，大半從此為入門。以後讀書漸多，但總不忘那些事。待到中學大學去教書，許多學生問我讀書法，我總勸他們且看像曾文正公家訓和論語那一類書，卻感得許多青年學生的反應，和我甚不同。有些人，聽到孔子和曾國藩，似乎便掃興了。有些，偶爾去翻家訓和論語，也不見有興趣，好像一些也沒有入頭處。在當時，大家不喜歡聽教訓，卻喜歡談哲學思想。這我也懂得，不僅各人性情有不同，而且時代風氣也不同。對我幼年時有所啟悟的，此刻別人不一定也能同樣有啟悟。換言之，教訓我而使我獲益的，不一定同樣可用來教訓人。

因此，我自己總喜歡在書本中尋找對我有教訓的，但我卻不敢輕易把自己受益的來教訓人。我自己想，我從這一門裏跑進學問的，卻不輕易把這一門隨便來直告人，固然是我才學有不足。而教訓人生，實在也不是件輕鬆容易的事。

「問我何所有，山中惟白雲。只堪自怡悅，不堪持贈君。」山中白雲，如何堪持以相贈呢？但我如此讀書，不僅自己有時覺得受了益，有時也覺得書中所說，似乎在我有一番特別眞切的瞭解。我又想，我若遇見的是一位年輕人，若他先不受些許教訓，又如何便教他運用思想呢？因此我總想把我對書所瞭解的告訴人，那是莊子所謂的「與古為徒」。其言：「古之有也，非吾有也。」這在莊子也認為雖直不為病。但有時，別人又會說我頑固和守舊。我不怕別人說我那些話，但我如此這般告訴人，別人不接受，究於人何益呢？既是於人無益，則必然是我所說之不中。縱我積習難返，卻使我終不敢輕易隨便說。

十年前，我回故鄉無錫，任教於一所私家新辦的江南大學。那時，在我直覺中，總覺中國社會一時不易得安定，人生動盪，思想無出路。我立意不願再跑進北平、南京、上海那些人文薈萃，大規模的大學校裏去教書，我自己想我不勝任。我只想在太湖邊上躲避上十年八年，立意要編著一部「國史新編」，內容分十大類，大體仿鄭樵通志，而門類分別，則自出心裁，想專意在史料的編排整理上，做一番貢獻。當時約集了幾位學生，都是新從大學畢業的，指點他們幫我做剪貼抄寫的工作。我把心專用在這上，反而覺得心閒無事，好像心情十分地輕鬆。太湖有雲濤峯巒之勝，又富港汊村塢之幽。我時時閒着，信步所之，或扁舟盪漾，俯仰瞻眺，微及昆蟲草木，大至宇宙人生，閒情遐想，時時泛現上心頭。逸興所至，時亦隨心抒寫，積一年，獲稿八九萬字，偶題曰「湖上閒思錄」。我用意並不想教訓人，更無意於自成一家，組織出一套人生或宇宙的哲學系統來。眞只是偶爾覘見，信手拈來之閒思。不幸又是時局劇變，我把一些約集來的學生都遣散了，「國史新編」束之高閣，「閒思錄」也中輟了。又回到與古為徒的老路，寫了一本莊子纂箋，便匆匆從上海來香港。

這一次的出行，卻想從此不再寫文章。若有一噉飯地，可安住，放下心，仔細再讀十年書。待時局稍定，那時或許學問有一些長進，再寫一冊兩冊書，算把這人生交代了。因此一切舊稿筆記之類，全都不帶在身邊，決心想捨棄舊業，另做一新人。而那本「湖上閒思錄」，因此也同樣沒有携帶着。

那知一來香港，種種的人事和心情，還是使我不斷寫文章。起先寫得很少，偶爾一月兩月，迫不得已，寫上幾百字，幾千字。到後來，到底破戒了。如此的生活，如此的心情，怕會愈寫愈不成樣子。小書以及演講錄不算，但所寫雜文，已逾三十餘萬言。去年忽已六十，未能免俗，想把那些雜文可搜集的，都搜集了，出一冊「南來文存」吧！但終於沒有眞付印。

這一小冊，則是文存中幾篇寫來專有關於人生問題的，因王貫之兄屢次敦促，把來編成一小冊，姑名之曰「人生十論」，其實則只是十篇雜湊稿。貫之又要我寫一篇自序，我一提筆便回憶我的「湖上閒思錄」，又回想到我幼年時心情，拉雜的寫一些。我只想告訴人，我自己學問的入門。至於這十篇小文，用意決不在教訓人，也不是精心結撰想寫哲學，又不是心情悠閒陶寫自己的胸襟。只是在不安定的生活境況下，一些一知半解的臨時小雜湊而已。

一九五五年五月錢穆識於九龍嘉林邊道之新亞書院第二院

新版序

「人生十論」彙編成書在一九五五年之夏，迄今已二十七年。今於字句小有修訂，重以付印。又隨加附錄兩文。一為「人生三步驟」，乃一九七八年十一月在香港大學文學院之講演辭。又一為「中國人生哲學」，乃一九八〇年六月在臺北故宮博物院之講演辭。因同屬討論人生問題，乃以集合成編。雖端緒各別，而大意則會通合一，讀者其細參之。

一九八二年四月錢穆識於臺北士林外雙溪之素書樓

一　人生三路向

一

人生只是一個嚮往，我們不能想像一個沒有嚮往的人生。嚮往必有對象。那些對象，則常是超我而外在。

對精神界嚮往的最高發展有宗教，對物質界嚮往的最高發展有科學。前者偏於情感，後者偏於理智。若借用美國心理學家詹姆士的話，「宗教是軟心腸的，科學是硬心腸的」。由於心腸軟硬之不同，而所嚮往發展的對象也相異了。

人生一般的要求，最普遍而又最基本者，一為戀愛，二為財富。故孟子說：「食色性也。」追求戀愛又是偏情感，軟心腸的；而追求財富則是偏理智，硬心腸的。

追求的目標愈鮮明，追求的意志愈堅定，則人生愈帶有一種充實與強力之感。

人生具有權力，便可無限向外伸張，而獲得其所求。追求逐步向前，權力逐步擴張，人生逐步充實。隨帶而來者，是一種歡樂愉快之滿足。

二

近代西方人生，最足表明像上述的這一種人生之情態。然而這一種人生，有它本身內在的缺憾。生命自我之支撐點，並不在生命自身之內，而安放在生命自身之外，這就造成了這一種人生一項不可救藥的致命傷。

你向前追求而獲得了某種的滿足，並不能使你的向前停止。停止向前即是生命空虛。人生的終極目標，變成了並不在某種的滿足，而在無限地向前。

滿足轉瞬成空虛。愉快與歡樂，眨眼變為煩悶與苦痛。逐步向前，成為不斷的撲空。強力只是一個黑影，充實只是一個幻覺。

人生意義只在無盡止的過程上，而一切努力又安排在外面。外面安排，逐漸形成為一個客體。那個客體，終至於回向安排它的人生宣佈獨立了。那客體的獨立化，便是向外人生之僵化。

人生向外安排成了某個客體，那個客體便回身阻擋人生之再向前，而且不免要回過頭來吞噬人生，而使之消毀。

西洋有句流行語說：「結婚為戀愛之墳墓」，大可報告我們這一條人生進程之大體段的情形了。若果戀愛眞是一種向外追求，戀愛完成才始有婚姻。然而婚姻本身便要阻擋戀愛之再向前，更且回頭把戀愛消毀。

故自由戀愛除自由結婚外，又包括着自由離婚。

資本主義的無限制進展，無疑的要促起反資本主義，即共產主義。

「知識即是權力」，又是西方從古相傳的格言。從新科學裏產生新工業，創造新機械。機械本來是充當人生之奴役的，然而機械終於成為客體化了，於是機械僵化而向人生宣佈獨立了，人生轉成機械的機械，轉為機械所奴役。現在是機械役使人生的時代了。

其先從人生發出權力，現在是權力回頭來吞噬人生。由於精神之向外尋求而安排了一位上帝，創立宗教，完成教會之組織。然而上帝和宗教和教會，也會對人生翻臉，也會回過身來，阻擋人生，吞噬人生。禁止人生之再向前，使人生感受到一種壓力，而向之低頭屈服。

西方人曾經創建了一個羅馬帝國，後來北方蠻族把它推翻。中古時期又曾創建了一種圓密的宗教與教會組織，又有文藝復興的大浪潮把它沖毀。

此後則又賴藉科學與工業發明，來創建金圓帝國和資本主義的新社會，現在又有人要聯合世界上無產階級來把這一個體制打倒。

西方人生，始終挾有一種權力慾之內感，挾帶着此種權力無限向前。權力客體化，依然是一種權力，但像是超越了人類自身的權力了。於是主體的力和客體的力相激盪，相衝突，相鬥爭，轟轟烈烈，何等地熱鬧，何等地壯觀呀！然而又是何等地反覆，何等地苦悶呀！

三

印度人好像自始即不肯這樣幹。他們把人生嚮往澈底翻一轉身，轉向人生之內部。

印度人的嚮往對象，似乎是向內尋求的。

說也奇怪，你要向外，便有無限的外展開在你的面前；你若要向內，又有無窮的內展開在你的面前。

你進一步，便可感到前面又有另一步，向外無盡，向內也無盡。人生依然是在無限向前，人生依然是在無盡止的過程上。或者你可以說，向內的人生，是一種向後的人生。然而向後還是向前一般，總之是向著一條無限的路程不斷地前去。

你前一步，要感到撲著一個空，因而使你不得不再前一步。而再前一步，又還是撲了一個空，因而又使你再繼續不斷的走向前。

向外的人生，是一種塗飾的人生。而向內的人生，是一種洗刷的人生。向外的要在外建立，向內的則要把外面拆卸，把外面遺棄與擺脫。外面的遺棄了，擺脫了，然後你可走向內。換言之，你向內走進，自然不免要遺棄與擺脫外面的。

內向的人生，是一種洒落的人生，最後境界則成一大脫空。佛家稱此為「涅槃」。涅槃境界究竟如何呢？這是很難形容了。約略言之，人生到達涅槃境界，便可不再見有一切外面的存在。外面一切沒有了，自然也不見有所謂內。「內」「外」俱泯，那樣的一個境界，究竟是無可言說的。倘你堅要我說，我只說是那樣的一個境界，而且將永遠是那樣的一個境界。佛家稱此為「一如不動」。

依照上述，向內的人生，就理說，應該可能有一個終極寧止的境界；而向外的人生，則只有永遠向前，似乎不能有終極，不能有寧止。

向外的人生，不免要向外面「物」上用功夫；而向內的人生，則只求向自己內部「心」上用功夫。然而這裏同樣有一個基本的困難點，你若擺脫外面一切物，遺棄外面一切事，你便將覓不到你的心。

你若將外面一切塗飾統統洗刷淨盡了，你若將外面一切建立統統拆卸淨盡了，你將見本來便沒有一個內。

你若說向外尋求是「迷」，內明己心是「悟」，則向外的一切尋求完全祛除了，亦將無己心可明。因此禪宗說：「迷即是悟，煩惱即是涅槃，眾生即是佛，無明即是眞如。」

如此般的人生，便把終極寧止的境界，輕輕的移到眼前來，所以說「立地可以成佛」。

四

中國的禪宗，似乎可以說守着一個中立的態度，不向外，同時也不向內，屹然而中立。可是這種中立態度，是消極的，是無為的。

西方人的態度，是在無限向前，無限動進。佛家的態度，同樣是在無限向前，無限動進。你不妨說，佛家是無限向後，無限靜退。這只是言說上不同。總之這兩種人生，都有他遼遠的嚮往。中國禪宗則似乎沒有嚮往。他們的嚮往即在當下，他們的嚮往即在「不嚮往」。若我們再把禪宗態度積極化，有為化，把禪宗態度再加上一種嚮往，便走上了中國儒家思想裏面的另一種境界。

中國儒家的人生，不偏向外，也不偏向內。不偏向心，也不偏向物。他也不屹然中立，他也有嚮往，但他只依著一條中間路線而前進。他的前進也將無限。但隨時隨地，便是他的終極寧止點。

因此儒家思想不會走上宗教的路，他不想在外面建立一個上帝。他只說「人性由天命來」，說「性善」，說「自盡己性」，如此則上帝便在自己的性分內。

儒家說性，不偏向內，不偏向心上求。他們亦說「食色性也」，「飲食男女，人之大欲存焉」。他們不反對人追求愛，追求富。但他們也不想把人生的支撐點，偏向到外面去。

他們也將不反對科學。但他們不肯說「戰勝自然」、「克服自然」、「知識即權力」。他們只肯說「盡己之性，然後可以盡物之性，而贊天地之化育」。他們只肯說「天人合一」。

他們有一個遼遠的嚮往，但同時也可以當下即是。他們雖然認有當下即是的一境界，但仍不妨害其有對遼遠嚮往之前途。

他們懸「至善」為人生之目標。不歌頌權力。

他們是軟心腸的。但他們這一個軟心腸，卻又要有非常強韌而堅定的心力來完成。

這種人生觀的一般通俗化，形成一種現前享福的人生觀。

中國人常喜祝人有福，他們的人生理想好像只便在享福。

「福」的境界不能在強力戰鬥中爭取，也不在遼遠的將來，只在當下的現實。

儒家思想並不反對福，但他們只在主張「福」「德」俱備。只有福德俱備那才是眞福。

無限的向外尋求，乃及無限的向內尋求，由中國人福的人生觀的觀點來看，他們是不會享福的。

福的人生觀，似乎要折損人們遼遠的理想，似乎只注意在當下現前的一種內外調和心物交融的情景中，但也不許你沉溺於現實之享受。

飛翔的遠離現實，將不是一種福；沉溺的迷醉於現實，也同樣不是一種福，有福的人生只要足踏實地，安穩向前。

五

印度佛家的新人生觀，傳到中國，中國人曾一度熱烈追求過。後來慢慢地中國化了，變成為禪宗，變成為宋明的理學。近人則稱之為「新儒學」。

現在歐美傳來的新人生觀，中國人正在熱烈追求。但要把西方的和中國的兩種人生觀亦來融化合一，不是一件急速容易的事。

中國近代的風氣，似乎也傾向於向外尋求，傾向於權力崇拜，傾向於無限向前。但洗不淨中國人自己傳統的一種現前享福的舊的人生觀。

要把我們自己的一套現前享福的舊人生觀，和西方的權力崇拜向外尋求的新人生觀相結合，流弊所見，便形成現社會的放縱與貪污，形成了一種人慾橫流的世紀末的可悲的現象。

如何像以前的禪宗般，把西方的新人生觀綜合上中國人的性格和觀念，而轉身像宋明理學家般把西方人的融和到自己身上來，這該是我們現代關心生活和文化的人來努力了。

以上的話，說來話長，一時那說得盡。而且有些是我們應該說，想要說，而還不知從何說起的，但又感到不可不說。我們應該先懂得這中的苦處，才能指導當前的人生。

（民國三十八年六月民主評論一卷一期）

二 適與神

一

西方人列舉「眞、善、美」三個價值觀念，認為是宇宙間三大範疇，並懸為人生嚮往的三大標的。這一觀念，現在幾已成為世界性的普遍觀念了。其實此三大範疇論，在其本身內含中，包有許多缺點。

第一：並不能包括盡人生的一切。

第二：依循此眞、善、美三分的理論，有一些容易引人走入歧途的所在。

第三：中國傳統的宇宙觀與人生觀，亦與此眞、善、美三範疇論有多少出入處。

近代西方哲學家，頗想在眞、善、美三範疇外，試為增列新範疇。但他們用意，多在上述第一點上。即為此三大範疇所未能包括的人生嚮往添立新範疇，他們並未能注意到上述之第二點，更無論於第三點。

德人巴文克 Bermhard Bavink 著現代科學分析，主張於眞、善、美三範疇外，再加「適合」與「神聖」之兩項。他的配列是：「科學眞，道德善，藝術美，工技適，宗教神。」他的用意，似乎也只側重在上述之第一點。

本文作者認為巴氏此項概念，若予變通引擴，實可進而彌補上述第二第三兩點之缺憾。中西宇宙觀與人生觀之多少相歧處，大可因於西方傳統眞、善、美三價值領域之外，增入此第四第五兩個新的價值領域，而更易接近相融會。

下文試就上列宗旨畧加闡述。

二

巴氏「適」字的價值領域，本來專指人類對自然物質所加的種種工業技術言。他說，根據經濟原理，求能以最少的資力獲得最好的效果者，斯為適。竊謂此一範疇大可引伸。人類不僅對自然物質有種種創製技巧，即對人類自身集團，如一切政治上之法律制度，社會上之禮俗風教等等，何嘗不都是寓有發明與創造？何嘗不都是另一種的作業與技巧呢？這些全應該納入「適」字的價值領域內。

西方人從來對自然物質界多注意些，他們因此有更多物質工業上的發明與創造。東方人則從來對人文社會方面多注意些，因此他們對這一方面，此刻不妨特為巧立新名，稱之曰「人文工業」或「精神工業」。在這方面，很早的歷史上，在東方便曾有過不少的發明與創建，而且有其很深湛很悠久的演進。此層該從中國歷史上詳細舉例發揮，但非本文範圍，恕從畧。因此中國人對此價值領域很早便已鄭重地提到。儒家的所謂「時」，道家的所謂「因」，均可與巴氏之所謂「適」，意趣相通。

適於此時者未必即適於彼時。適於此處者未必即適於彼處。如此，則「適」字的含義，極富有「現實性」與「相對性」。換言之，「適」字所含的人生意味，實顯得格外地濃厚。

我們若先把握住此一觀念，再進一步將「適」字的價值領域，試與眞、善、美的價值領域，互求融會貫通，則我們對於宇宙人生的種種看法，會容易透進一個新境界。而從前只著眼在眞、善、美三分法上的舊觀念，所以容易使人誤入歧途之處，亦更容易明白了。

本來眞善美全應在人生與宇宙之訢合處尋求，亦只有在人生與宇宙之訢合處，乃始有眞、善、美存在。若使超越了人生，在純粹客觀的宇宙裏，即不包括人生在內的宇宙裏，是否本有眞、善、美存在，此層不僅不易證定，而且也絕對地不能證定。

何以呢？眞、善、美三概念，本是人心之產物。若抹去人心，更從何處來討論眞善美是否存在的問題？

然而西方人的觀念，總認為眞、善、美是超越人類的三種「客觀」的存在。因其認為是客觀的，於是又認為是絕對的。因其認為是絕對的，於是又認為是終極的。

其實，既稱客觀，便已含有主觀的成分。有所觀，必有其能觀者。「能」「所」一體，同時並立。觀必有主，宇宙間便不應有一種純粹的客觀。

同樣，絕對裏面便含有相對，宇宙間也並沒有一眞實絕對的境界與事物。泯絕相對，即無絕對。中國道家稱此絕對為「無」，即是說沒有此種絕對之存在。你若稱此種絕對為無，為沒有，同時即已與「有」相對了。可見此種絕對的絕對，即眞眞實實的絕對，實在不存在，不可思議。只可在口裏說，譬如說一個三角的圓形。

人們何以喜認眞、善、美為客觀，為絕對，為超越人生而存在呢?因你若說眞、善、美非屬純客觀，而兼有了人心主觀的成分，只為一相對的存在。如是，則你認為眞，我可認為假；你認為善，我可認為惡；你認為美，我可認為醜。反之，亦皆然。如是，則要求建立此三個價值領域，無異即推翻了此三個價值領域了。因此西方的思想家，常易要求我們先將此三個觀念超越了人生現實，而先使之客觀化與絕對化。讓它們先建立成一堅定的基地，然後再回頭應用到人生方面來。如是，似乎不可反抗，少流弊。而不幸另外的流弊，即隨之而生起。

現在我們若為人生再安設一「適」的價值領域，而使此第四價值領域與前三價值領域，互相滲透，融為一體，使主觀與客觀並存，使相對與絕對等立，則局面自然改觀。

三

試就「眞」的一觀念，從粗淺方面加以說明。大地是個球形，它繞日而轉，這已是現代科學上的眞理，無待於再論。然我們不妨仍然說，日從東出，從西落，說我此刻直立在地面而不動。此種說話，仍然流行在哥白尼以來的世界上一切人們的口邊，日常運用，我們絕不斥其為不眞。換言之，無異是我們直到今日，依舊在人生日常的有些部分，而且在很多的部分，還是承認地平不動，日繞地行的一種舊眞理或說舊觀念。如是，則同一事實，便已不妨承認有兩種眞理，或兩種觀念，而且是絕對相反的兩種，同時存在了。

你若定要說我此刻乃倒懸在空中，以一秒鐘轉動十七英里之速度而遨遊，聞者反而要說你在好奇，在作怪。可見天文學家所描述的眞理，他本是在另一立場上，即天文學上。換言之，即另有一主觀。科學家的眞理，也並非能全抹去主觀，而達到一種純客觀的絕對眞理之境域。

根據物理學界最近所主張的相對論，世間沒有一種無立場的眞。「立場」便即是主觀了。會合某幾種立場的主觀，而形成一種客觀，此種客觀，則仍是有限性的，而非純客觀。在此有限場合中的客觀眞理，即便是此有限場合中之絕對眞理。那種絕對也還是有限。換言之，也還是相對的。

人類所能到達的有限眞理之最大極限，即是一種會合古往今來的一切人類的種種立場而融成的一種眞理。然而此種眞理，實在少得太可憐。若硬要我舉述，我僅能勉強舉述一條，恐怕也僅有此一條，即「人生總有死」。

這一條眞理，仍然是人類自己立場上的有限眞理。而且這一條眞理，也並不能強人以必信。直到遙遠的將來，恐怕還有人要想對此一條眞理表示反抗，要尋求長生與不死。然而這一條眞理，至少是人類有限眞理中達到其最大限極的一條吧。

善與惡，美與醜，我此處不想再舉例。好在中國古代莊子書中，已將此等價值觀裏面的相對性之重要，闡發得很透闢，很詳盡。

四

說到莊子，立刻聯想到近代西方哲學思想界之所謂「辯證法」。正必有反，正反對立發展而形成合。但合立刻便成為一個新的正，便立刻有一個新的反與之對立，於是又發展而形成另一個合。此種「正、反、合」的發展，究竟是有終極，還是無終極？單照這一個辯證法的形式看，照人類理智應有的邏輯說，這種發展應該是一個無終極。

如是，則又有新難題發生。

既有所肯定，便立刻來一個否定，與之相對立。超越這一個否定，重來一個新肯定，便難免立刻再產生一個新否定，再與此新肯定相對立。人類理智不斷地想努力找肯定，但不斷地連帶產生了否定，來否定你之所肯定。最後的肯定，即上文所述絕對的絕對，無量遙遠地在無終極之將來。則人類一切過程之所得，無異始終在一個否定中。

本來人類理智要求客觀，要求絕對，其內心底裏是在要求建立，要求寧定。而理論上的趨勢，反而成為是推翻，是搖動，而且將是一種無終極的推翻，與無終極的搖動。只在此無終極的推翻與搖動之後面，安放一個絕對的終極寧止，使人可望不可即。

我們只有把「適」字的價值觀滲進舊有的眞、善、美的價值裏面去，於是主觀即成為客觀，相對即成為絕對，當下即便是終極，矛盾即成為和合。

如是，則人生不將老死在當下的現實中而不再向前嗎？是又不然。當下仍須是合於嚮往的當下，現實仍須是符於理想的現實。中國儒家所以要特選一「時」字，正為怕你死在當下，安於現實。當知「時」則決不是死在當下，安於現實的。

人生到底是有限，人生到底只是宇宙中一部分，而且是極小的一部分。你將求老死於此當下，苟安於此現實，而不可得。時間的大輪子，終將推送你向前。適於昔者未必適於今，適於今者未必適於後。如是，則雖有終極而仍然無終極。然而已在無終極中得到一終極。人類一切過程之所得，正使人類眞有理智的話，將不復是一否定，而始終是一肯定了。將不復是一矛盾，而始終是一和合了。這一個肯定與和合，將在「適」字的第四價值領域中，由人獲得，讓人享受。

「適」字的價值領域，正在其能側重於人生的「現實」。這一點已在上文闡述過。然而這一個價值領域，決非是絕對的，而依然是相對的，是有限的。依然只能限制在其自己的價值領域之內。越出了它的領域，又有它的流弊，又有它的不適了。

五

人生只是宇宙之一部分，現在只是過去未來中之一部分，而且此一部分仍然是短促狹小得可憐。我們要再將第五種價值領域加進去，再將第五種價值領域來沖淡第四種價值領域可能產生之流弊，而使之恰恰到達其眞價值之眞實邊際的所在者，便是「神」的新觀念。

人生永永向前，不僅人生以外的宇宙一切變動要推送它向前，即人生之自有的內在傾向，一樣要求它永永地向前。

以如此般短促的人生，而居然能要求一個無限無極的永永向前，這一種人性的本身要求便已是一個神。試問你不認它是神，你認它是什麼呢？

以如此般短促的人生，在其無限向前之永無終極的途程中，而它居然能很巧妙地隨其短促之時分，而居然得到一個「適」，得到一種無終極裏面的「終極」，無竆止裏面的「竆止」。而這種終極，又將不妨害其無限向前之無終極。這種竆止，又將不妨害其永遠動進之無竆止。適我之適者，又將不妨害盡一切非我者之各自適其適。試問這又不是一種神迹嗎？試問你不認它是神，你又將認它是什麼呢？

莊子可算是一位極端反宗教的無神論者吧，然莊子亦只能肯認此為神。惟莊子同時又稱此曰「自然」。儒家並不推崇宗教，亦不尊信鬼神，但亦只有肯認此為神，惟同時又稱此神迹曰「性」。說自然，說性，不又要淪於唯物論的窠臼嗎？然而中國人思想中，正認宇宙整體是個神，萬物統體也是個神，萬物皆由於此神而生，因亦寓於此神而成。於何見之？試再畧說。

人生如此般渺小，而居然能窺測無限宇宙之眞理，這已見人之神。

自從宇宙間的眞理，絡繹為人類所發現，而後人類又不得不讚嘆宇宙到底是個神。

你若能親臨行陣，看到千軍萬馬，出生入死，十盪十決，旌旗號令，指揮若定，你將自然會抽一口氣說：「用兵若是其神乎！」

你若稍一研究天文學，你若稍一研究生物學，你若稍一研究任何一種自然科學之一部門，一角落，你將見千儔萬彙，在其極廣大極精微之中，莫不有其極詭譎之表現，而同時又莫不有其極精嚴之則律，那不是神，是什麼呢？

中國人把一個自然，一個性字，尊之為神，正是「唯物而唯神」。

六

上文所述的德人巴氏，他全量地分析了近代科學之總成績，到底仍為整個宇宙恭而敬之地加送了它一個「神」字的尊號。這並不是要回復到他們西方宗教已往的舊觀念與舊信仰上去。他也正是一個唯物而唯神的信仰者。

這是西方近代觀念，不是巴氏一人的私見。中西思想，中西觀念，豈不又可在此點上會合嗎？唯神而後能知神。眞能認識神的，其本身便亦同樣是一個神。知道唯物而唯神的是什麼呢？這正是人的「心」。

但不知道神的，也還可與神暗合。這是性，不是心。

道家不喜言心；儒家愛言心，但更愛言「性」。因「心」只為人所「獨」，「性」普為物所「共」。西方哲學界的唯心論，到底要從人心的知識論立場，證會到自然科學的一切發現上，也是這道理。

「美」字恕我不細講。你若稍一研究天文，或生物，或任何一科學之一部門，一角落，你若發現其中之眞理之萬一，你便將不免失口讚嘆它一句話，美哉美哉！造物乎！宇宙乎！

美與眞同是宇宙之一體。中國人不大說到眞，又不大說到美。中國人只說自然，只說性，而讚之曰「神」。這便已眞能欣賞了宇宙與自然之美，而且已欣賞到其美之最高處。

七

現在贘下要特別一提的，只是一個「善」。

眞是全宇宙性的，美是全宇宙性的，而善則似乎封閉在「人」的場合裏。這一層是西方哲人提出眞、善、美三範疇的觀念所留下的一個小破綻。

康德以來，以眞歸之於科學，美歸之於藝術，善歸之於宗教。宗教的對象是神，神似乎也是全宇宙性的。然西方人只想上帝創世是一個善，並不說上帝所創世界的一切物性都是善。他們依然封閉在人的場合中，至多他們說上帝是全人類的，並不說上帝是整個宇宙，統體萬物的。好像上帝創造此整個宇宙，一切萬物，僅乃為人而造般。

一切泛神論者，乃至近代科學上的新創見，唯物而唯神論者，在此處也還大體側重在從眞與美上賦物以神性，不在善上賦物以神性。

上述的巴氏，改以神的觀念歸諸宗教，而以善的觀念歸諸「道德」。則試問除卻人類，一切有生無生，是否也有道德呢？道德是不是人類場合中的一種產物呢？就其超越人生而在宇宙客體上看，是否也有道德之存在呢？這裏顯然仍有破綻，未加補縫的。

中國人則最愛提此一「善」字。中國人主張「盡人之性以盡物之性而贊天地之化育」。一個「善」字，彌綸了全宇宙。

不僅儒家如此，道家亦復如此。所以莊子說，「虎狼仁」。但又反轉說，「天地不仁」。這裏仍還是一個主觀客觀的問題。

你若就人的場合而言，虎狼不見有道德，不見有善。你若推擴主觀而轉移到客觀上，客觀有限而無限，則萬物一體，物性莫不善。宇宙整個是一個眞，是一個美，同時又還是一個善。其實既是眞的，美的，那還有不善呢？而中國人偏要特提此善字，正為中國人明白這些盡在人的場合中說人話。天下本無離開主觀的純客觀，則「善」字自然要成為中國人的宇宙觀中的第一個價值領域了。

你今若抹去人類的主觀，則將不僅不見宇宙之所謂善，又何從去得見宇宙之所謂眞與美？你既能推擴人類的主觀而認天地是一個眞與美，則又何不可竟說宇宙同樣又是一個善的呢？

八

從上述觀點講，「眞、善、美」實在已扼要括盡了宇宙統體之諸德，加上一個「適」字，是引而近之，使人當下即是。加上一個「神」字，是推而遠之，使人鳶飛魚躍。眞、善、美是分別語，是「方以智」。適與神是會通語，是「圓而神」。

我很想從此五個範疇，從此五種價值領域，來溝通中西人的「宇宙觀」與「人生觀」。

（民國三十八年七月民主評論一卷三期）

三　人生目的和自由

一

整個自然界像是並無目的的。日何為而照耀？地何為而運轉？山何為而峙？水何為而流？雲何為而舒卷？風何為而飄盪？這些全屬自然，豈不是無目的可言。

由自然界演進而有生物，生物則便有目的。生物之目的，在其生命之「維持」與「延續」。維持自己的生命，維持生命之延續。植物之發芽抽葉，開花結果，動物之求食求偶，流浪爭奪，蟻營巢，蜂釀蜜，一切活動，都為上述二目的，先求生命之保存，再求生命之延續。生物只有此一目的，更無其他目的可言。而此一求生目的，亦自然所給與。因此生物之唯一目的，亦可說是無目的，仍是一自然。

生命演進而有人類。人類生命與其他生物的生命大不同。其不同之最大特徵，人類在求生目的之外，更還有其他目的存在。而其重要性，則更超過了其求生目的。換言之，求生遂非最高目的，而更有其他超人生之目的。有時遂若人生僅為一手段，而另有目的之存在。

當你晨起，在園中或戶外作十分鐘乃至一刻鐘以上之散步，散步便即是人生，而非人生目的之所在。你不僅為散步而散步，你或者想多吸新鮮空氣，增加你身體的健康。你或在散步時欣賞自然風物，調凝你的精神。

當你午飯後約友去看電影，這亦是一人生，而亦並非是你之目的所在。你並不僅為看電影而去看電影。你或為一種應酬，或正進行你的戀愛，或欲排遣無聊，或為轉換腦筋，或為電影的本事內容所吸引。看電影是一件事，你所以要去看電影，則另有目的，另有意義。

人生只是一串不斷的事情之連續，而在此不斷的事情之連續的後面，則各有其不同的目的。人生正為此許多目的而始有其意義。

有目的有意義的人生，我們將稱之為「人文」的人生，或「文化」的人生，以示別於自然的人生，即只以求生為唯一目的之人生。

其實文化人生中依然有大量的自然人生之存在。在你整天勞動之後，晚上便想睡眠。這並非你作意要睡眠，只是自然人生叫你不得不睡眠。睡眠像是無目的的。倘使說睡眠也有目的，這只是自然人生為你早就安排好，你即使不想睡眠，也總得要睡眠。

人老了便得死。死並不是人生之目的，人並不自己作意要死，只是自然人生為你早安排好了一個死，要你不得不死。

病也不是人生之目的，人並不想要病，但自然人生為他安排有病。饑求食，寒求衣，也是一種自然人生。倘使人能自然免於饑寒，便可不需衣食，正如人能自然免於勞倦，便可不需睡眠，是同樣的道理。

人生若只專為求食求衣，倦了睡，病了躺，死便完，這只是為生存而生存，便和其他生物一切草木禽獸一般，只求生存，更無其他目的可言了。這樣的人生，並沒有意義，不好叫它是人生，更不好叫它有文化。這不是人文，是自然。

文化的人生，是在人類達成其自然人生之目的以外，或正在其達成自然人生之目的之中，偷著些餘賸的精力來幹別一些勾當，來玩另一套把戲。

自然只安排人一套求生的機構。給與人一番求生的意志。人類憑著它自己的聰明，運用那自然給與的機構，幸而能輕巧地完成了自然所指示它的求生的過程。在此以外，當他飽了，煖了，還未疲倦，還可不上床睡眠的時候，在他不病未死的時候，他便把自然給與他的那一筆資本，節省下一些，來自作經營。西方人說，「閒暇乃文化之母」，便是這意思。

文化的人生，應便是人類從自然人生中解放出來的一個「自由」。人類的生活，許人於求生目的之外，尚可有其他之目的，並可有選擇此等目的之自由，此為人類生活之兩大特徵，亦可說是人類生活之兩大本質。

二

然而這一種「自由」之獲得，已經過了人類幾十萬年艱辛奮鬥的長途程。只有按照這一觀點，纔配來研究人類文化的發展史。也只有按照這一觀點，纔能指示出人類文化前程一線的光明。

若照自然科學家唯物機械論的觀點來看人生，則人生仍還是自然，像並無自由可能。若照宗教家目的論的觀點來看人生，則人生終極目的，已有上帝預先為他們安排指定，也無自由之可言。

但我們現在則要反對此上述兩種觀點。當你清晨起床，可以到園中或戶外去散步，但也儘可不散步。當你午飯已畢，可以約友去看電影，但也儘可不約友不去看電影。這全是你的自由。

一切人生目的，既由人自由選擇，則目的與目的之間，更不該有高下是非之分。愛散步，便散步。愛看電影，便看電影。只要不妨礙你自然人生的求生目的，只要在你於求生目的之外，能節省得這一筆本錢，你什麼事都可幹。這是文化人生推類至盡一個應該達到的結論。

人類一達到這種文化人生自由的境界，回頭來看自然人生，會覺索然寡味，於是人類便禁不住自己去儘量使用這一個自由。甚至寧願把自然人生的唯一目的，即求生目的也不要，而去追向這自由。所以西方人說，「不自由，毋寧死」。自殺尋死，也是人的自由。科學的機械論，宗教的目的論，都管不住這一個決心，都說不明這一種自由。

自殺是文化人生中的一件事，並非自然人生中的一件事。自然人生只求生，文化人生甚至有求死。求死也有一目的，即是從自然人生中求解放，求自由。

若專從文化人生之自由本質言，你散步也好，看電影也好，自殺也好，全是你的自由，別人無法干涉，而且也不該干涉。目的與目的之間，更不必有其他評價，只有「自由」與「不自由」，是它中間唯一可有的評價。

然而一切問題，卻就從此起。惟其人類要求人生目的選擇之儘量的自由，所以人生目的便該儘量地增多，儘量地加富。目的愈增多，愈加富，則選擇愈廣大，愈自由。

兩個目的由你挑，你只有兩分自由。十個目的由你挑，你便可有十分自由。自然則只為人類安排唯一的一個目的，即求生，因此在自然人生中無自由可言。除卻求生目的之外的其他目的，則全要人類自己去化心去創造，去發現。然而創造發現，也並不是盡人可能，也並不是一件輕易的事。所以凡能提供文化人生以新目的，來擴大文化之自由領域者，這些全是人類中之傑出人，全應享受人類之紀念與崇拜。

文化人生的許多目的，有時要受外面自然勢力之阻抑與限制，有時要在人與人間起衝突，更有時在同一人的本身內部又不能兩全。你要了甲，便不能再要乙。你接受了乙，又要妨礙丙。文化人生的許多的目的中間，於是便有「是非」「高下」之分辨。一切是非高下，全從這一個困難局面下產生。

除卻這一個困難局面，便無是非高下之存在。換言之，即人生種種目的之是非高下，仍只看他的自由量而定。除卻自由，仍沒有其他評判一切人生目的價値之標準。也不該有此項的標準。

三

讓我舉一個評判善惡的問題來略加以說明。「善惡」問題，也是在文化人生中始有的問題。人類分別善惡的標準，也只有根據人類所希獲得的人生自由量之大小上發出。若捨棄這一個標準，便也無善惡可言。

這番理論如何說的呢？

在自由界，根本無善惡。一陣颶風，一次地震，淹死燒死成千成萬的人，你不能說颶風地震有什麼惡。一隻老虎，深夜拖去一個人，這老虎也沒有犯什麼罪，也沒有它的所謂惡。

在原始社會裏的人，那時還是自然人生的成分多，文化人生的成分少，殺人不算一回事。文化人生曙光初啟，那時能多殺人還受人崇拜，說他是英雄，甚至讚他是神聖。直到近代，一面發明原子彈，一面提倡全民戰爭，還要加之以提倡世界革命，把全世界人類捲入戰爭漩渦，連打上十年八年乃至幾十年的仗，殺人何止千萬萬萬，也還有人在煽動，也還有人在贊助，也還有人在崇拜，也還有人在替他們辯護。這些也是人類自己選擇的自由呀！你那能一筆抹殺，稱之為惡。這並不是故作過分悲觀的論調。當面的事實，還需我們平心靜氣來分析。

但從另一方面言，一個人殺一個人，壓抑了人家的自由，來滿足他自己的自由，在人類開始覺悟自由為唯一可寶貴的人生本質的時候，便已開始有人會不能同情於這般殺人的勾當。孟子曾說過：「殺一人而得天下，不為也。」他早已極端反對殺人了。但他又說：「聞誅一夫紂矣。」這豈不又贊成殺一個人來救天下嗎？救天下與得天下，當然不可相提並論。然而殺人的問題，其間還包含許多複雜的意味，則已可想而知。

然而我們終要承認殺人是一件大惡事。我們總希望人類，將來能少殺人，而終至於不殺人。明白言之，從前人類並不認殺人是惡，漸漸人類要承認殺人是惡，將來人類終將承認殺人是大惡，而且成為一種無條件無餘地的赤裸裸的大惡。這便是上文提過的人類文化人生演進路程中可以預想的一件事。這是我們文化人生演進向前的一個指示路程的箭頭。

讓我再稍為深進一層來發揮這裏面的更深一層的涵義。殺人也是人類在沒有更好辦法之前所選擇的一種辦法呀！人類在無更好辦法時來選擇殺人之一法，這也已是人類之自由，所以那時也不算它是一種惡。幸而人類終於能提供出比殺人更好的辦法來。有了更好的辦法，那以前的辦法便見得不很好。照中國文字的原義講，惡只是次一肩的，便是不很好的。若人類提供了好的辦法，能無限進展，則次好的便要變成不好的。「惡」字的內涵義，便也循此轉變了。

你坐一條獨木船渡河，總比沒有發明獨木船的時候好。那時你在河邊，別人貢獻你一條獨木船，你將感謝不盡。後來花樣多了，有帆船，有汽船，安穩而快速得多了。你若在河邊喚渡，那渡人隱藏了汽船，甚至靳帆船而不與，他竟交與你一條獨木船，那不能不說他含有一番惡意，也不能不說這是件惡事。

論題的中心便在這裏了。若沒有文化的人生，則自然人生也不算是惡。若沒有更高文化的人生，則淺演文化的人生，也不好算是惡。正為文化人生愈演而愈進，因而惡的觀念，惡的評價，也將隨而更鮮明，更深刻。這並不是文化人生中產生了更多的惡，實乃是文化人生中已產生了更多的「善」。

四

讓我們更進一步說，其實只是更顯豁一層說，我們將不承認人類本身有所謂惡的存在，直要到文化人生中所不該的始是惡。惡本是文化人生中的一件事，而問題仍在他自由選擇之該當與不該當。沒有好的可挑，只有挑次好的。沒有次好的，只有挑不好的。當其在沒有次好的以前，不好的也算是好。能許他有挑選之自由，這總已算是好。而且他也總挑他所覺得為好的。那是他的自由。那便是文化人生之起點，也是文化人生之終點。那便是文化人生之本質呀！

你要人挑選更好的，你得先提供他以更好的。誰能提供出更好的來呢？人與人總是一般，誰也不知道誰比誰更能提供出更好的，則莫如鼓勵大家盡量地提供，大家自由地創新。這初看像是一條險路。然而要求文化人生之演進，卻只有這條路可走。你讓一個人提供，不如讓十個人提供。讓十個人提供，不如讓一百個人提供。提供得愈多，挑選得愈精。精的挑選得多了，更要在精與精之間再加以安排。上午散步，下午便看電影，把一日的人生，把一世的人生，把整個世界的人生，盡量精選，再把它一切安排妥貼，那不知是何年何月的事。然而文化人生則只有照此一條路向前。

人類中間的宗教家、哲學家、藝術家、文學家、科學家，這些都是為文化人生創造出更好的新目的，提供出更好的新自由，提供了善的，便替換出了惡的。若你有了善的不懂挑，則只有耐心善意的教你挑，那是教育，不是殺伐與裁制。在宗教、哲學、文學、藝術、科學的園地裏，也只有「教育」，沒有殺伐與裁制。

佛經裏有一段故事，說有一個戀愛他親母而篡弒他親父的，佛說只要他肯皈依佛法，佛便可為他洗淨罪孽。這裏面有一番甚深涵義。即佛家根本不承認人類本身有罪惡之存在，只教人類能有更高挑選之自由。一切宗教的最高精神都該如是的。哲學家、文學家、藝術家、科學家的最高精神，也都該如是。

若說人類本身有罪惡，便將不許人有挑選之自由，窒塞了人類之自由創造，自由提供，不讓人類在其人生中有更好的發現與更廣的尋求，那可以算是一種大罪惡。而且或許是人類中間唯一的罪惡吧！固然，讓人儘量自由地挑選，自由地創新，本身便可有種種差誤，種種危險的。然而文化人生之演進，其勢免不了差誤與危險。便只有照上述的那條險路走。

五

根據上述理論，在消極方面限制人，壓抑人，決非文化人生進程中一件合理想的事。最合理想的，只有在正面，積極方面，誘導人，指點人，讓人更自由地來選擇，並還容許人更自由地提供與創造。

你試想，若使人類社會到今天，已有各種合理想的宗教，合理想的哲學，與藝術，與科學，叫人眞能過活着合理想的文化人生，到那時，像前面說過的殺人勾當，自然要更見其為罪大而惡極。然而在那時，又那裏會還有殺人的事件產生呢？

正因為，直到今天，眞眞夠得上更好的人生新目的的，提供得不夠多，宗教、哲學、藝術、文學、科學，種種文化人生中應有的幾塊大柱石，還未安放好，還未達到理想的程度，而且有好些前人早已提供的，後人又忘了，模糊了，忽略了，或是故意地輕蔑了，拋棄了，遂至於文化的人生有時要走上逆轉倒退的路。更好的消失了，只有挑選次好的。次好的沒有了，只有挑選不好的。

人類到了吃不飽，穿不煖，倦了不得息，日裏不得好好活，夜裏不得好好睡，病了不得醫，死了不得葬，人類社會開始回復到自然人生的境界線上去，那竟可能有人吃人。到那時，人吃人也竟可能不算得是惡，那還是一種人類自由的選擇呀！

局面安定些了，亂國用重典，殺人者死，懸為不刊之大法。固然法律決非是太平盛世理想中最可寶貴的一件事，人文演進之重要關鍵不在此。

若使教育有辦法，政治尚是次好的。若是政治有辦法，法律又是次好的。若使法律有辦法，戰爭又是次好的。只要戰爭有辦法，較之人吃人，也還算得是較好的。

依照目前人類文化所已達到的境界，只有宗教、哲學、文學、藝術、科學，都在正面誘導人，感化人，都在為人類生活提供新目的，讓人有更廣更深的挑選之自由，都還是站在教育的地位上，那才能算是更好的。政治法律之類，無論如何，是在限制人、壓抑人，而並不是提供人以更多的自由，只可管束人於更少的自由裏，只能算是次好的。戰爭殺伐，只在消滅對方人之存在，更不論對方自由之多少，那只能算末好的。

至於到了人吃人的時代，人類完全回到它自然人生的老家去，那時便只有各自求生，成為人生之唯一目的。那時則只有兩個目的給你挑，即是「生」和「死」。其實則只有一個目的，叫你儘可能地去求生。到那時，便沒有什麼不好的，同時也不用說，到那時是再也沒有什麼好的了。

（一九四九年十一月民主評論一卷十期）

四　物與心

一

世界之大，千品萬儔，繁然雜陳。然而簡單地說來，實在可以說，只有兩樣東西存在著。這兩樣東西，即是「物」與「心」。當世界方始，根據近代科學家研究，那時尚只有物，而還沒有心。雖照宗教家說，此宇宙先有心，先有上帝來創造此世界。但此說僅是一種宗教信仰。就目前人類知識，還無法證實它。

一俟我們這個地球，自太陽系分散出來以後，不知經歷幾何年代，才產生了生命。但生命的起源究竟在那裏？還是從別的星球中飄落來的，抑或在此地球上，那一時所有的物質，在某種境況中，自己醞釀化生而有的？這在今日，還是一個未獲解答的問題。但先有物質，後有生命，則似已有明證，無需懷疑了。而且生命必須寄託於物質，生命若離開物質，即無從表現其為生命。到目前止，我們還沒有發現能離開物質而自行獨存的生命。這也是常識所易瞭的。

至於生命是否就是心，有了生命是否即有心，這事亦還遽難論斷。但就一般事實說，就現在人類常識言，有生命的不一定就有心。例如植物有生命，不好說植物已有心。但動物有生命，同時也有心。依據這些事實，我們至少暫時可以如此說，「沒有生命，即不可能有心」。猶如沒有物質，即不可能有生命一般。心必須寄託於生命中，猶如生命必須寄託於物質中。這也是我們人類今天一般的常識。若說先有心而後有生命，先有生命而後有物質，只在西方的宗教信仰裏有如此講法。有許多哲學家，也在如此講，但在科學上則此講法並不能證實。

最近二三十年來，西方科學家研究原子學，知道所謂物質，也只是一些原子的活動，而並不像原先所想的物質那樣地存在。或許若干年後，人類又可能創立出一種新宗教，或新哲學，像最近西方有一輩科學家所努力，所模糊想像的，所謂科學的「新唯心論」。到那時，或許人類對於物質生命與心，可有一種較新的，與今不同的講法。但到目前為止，我們殊不能輕易推翻此宇宙先有「物」，後有「生命」，再有「心」的那一番常識的判斷。

二

現在有一個問題，就是人的心和動物的心是否有不同？我這裏所說動物一詞之含義，並非如生物學上動物一詞含義之嚴格，而僅係就一般意義言。乃指除開人類以外之其他動物言。今若謂人心和動物心，容可有不同，則其不同處又何在？至少在目前，我們決無人承認人心與鷄心、狗心全相同。我此刻也並不想根據生物學、心理學所講來精細地辨析，我還是僅就現在人類的常識來判斷，人心與一般動物心，實在確有些不同處。而且還可說，那些不同處，實是不同得既深而且大。

我們剛才說過，沒有物質，生命即無從存在；沒有生命，心即無從存在。由「物質」演化出「生命」，生命即憑藉於物質；由「生命」演化出「心」，心即憑藉於生命。此刻說到我們的身軀，也只該算它是一些物質，它是我們生命所憑以活動而表現的一種工具，卻不能說生命本身即是那身體。然則什麼纔是生命呢？這一問，似乎問入玄妙了。

讓我們姑且淺言之，我們與其說身體是我們的生命，不如說我們的一切「活動」與「行為」，才是我們的生命。至少我們可以說，生命並不表現在身體上，而是表現在身體之種種活動與行為上。我們只是運用我們的身軀來表現我們的一切活動與行為，換言之，則是表現我們的生命。因此，可以說身體只是生命的工具。如我們日常講話做事，那都是我們生命之表現，即成為我們生命之一節，或一環。但講話做事，決非聽從身體所驅使，而是聽從心靈的指揮。

「心」與「生命」之究竟分別點在那裏，此問題不易急切作深談。但人類纔始能運用心靈來表現它生命的一項常識，則暫時似可首肯我們來作如此的說法的。

依此來說，「物質」、「生命」、「心靈」，三者間的動作程序，就人類言，又像是心最先，次及生命，再次及身體即物質。因於此一觀點，我們所以說，宇宙間，心靈價值實最高，生命次之，而物質價值卻最低。換言之，最先有的價值卻最低，最後生的價值卻最高。

但心靈價值雖高，它並無法離開較它價值為低的生命，生命也不得不依賴較它價值又低的身軀。如是則高價值的不得不依賴於低價值的而表現而存在，因此高價值的遂不得不為低價值的所牽累而接受其限制，這是宇宙人生一件無可奈何的事。

三

現在另有一問題，心靈能否不依賴生命，生命能否不依賴物質呢？譬如我們停留在這屋子裏，我們不能離開這屋子，我們就受了這屋子的限制。但此屋子必然會塌倒，我們能否在此屋子將塌之前先離開此屋子呢？我們能不能讓生命離開身體而仍然存在，而仍有所表現呢？這是生命進化在理論上應該努力的一個絕大的問題。

讓我們再先從淺處說，如一切生物之傳種接代，老一輩的生命沒有死，新一輩的生命已生了，這即是生命想離開此身體而活動而存在的一種努力之成績。又如生物進化論上所宣示，老的物種滅跡了，新的物種產生了。生命像在踏過那些憑依物而跳躍地向前。其實心靈之於生命，依我看來，正也有類此的趨勢。人心和動物心之不同處，似乎即在人的心可以離開身體而另有所表現。也可說，那即是人的生命可以離開身體而表現之一種努力之所達到的一種更是極端重要之成績。

例如這張桌子吧，它僅是一物質，但此桌子的構造、間架、形式、顏色種種，就包括有製造此桌子者之心。此桌子由木塊做成，但木塊並無意見表示。木塊並不要做成一桌子，而是經過了匠人的心靈之設計與其技巧上之努力，而始得完成為一張桌子的。所以這桌子裏，便寓有了那匠人的生命與匠人的心。換言之，即是那匠人之生命與匠人之心，已離開那匠人之身軀，而在此桌子上寄託與表現了。我們據此推廣想開去，便知我們當前一切所見所遇，乃至社會形形色色，其實全都是人類的「生命」與「心」之表現，都是人類的生命與心，逃避了小我一己之軀殼，即其物質生命，而所完成之表現。狗與貓的生命與心，只能寄附在狗與貓之身軀之活動。除此以外，試問又能有何其他表現而繼續存在呢？

上面所舉，還只就人造物而言，此刻試再就自然界言之。當知五十萬年前的洪荒世界，那時的所謂自然界，何嘗如我們今天之所見？我們今天所見之自然，山峙水流，花香鳥語，鷄鳴狗吠，草樹田野，那都已經過了五十萬年來人類生命不斷之努力，人類心靈不斷的澆灌與培養。一切自然景象中，皆寓有人類的生命與心的表現了。再淺言之，即是整個自然界，皆已受了人類悠久文化之影響，而纔始形成其如今日之景象。若沒有人類的生命與心靈之努力滲透進去，則純自然的景象，決不會如此。

所以我們可以如此說，在五十萬年以前的世界，我們且不論，而此五十萬年以來的世界，則已是一個「心」「物」交融的世界，已是一個「生命」與「物質」交融的世界，已是一個「人類文化」與「宇宙自然」所交融的世界了。換言之，已早不是一個無生命無心靈的純物質世界，那是個千眞萬確，無法否認的。

四

以上所說，主要只求指出人類的生命與心，確可跳出他的身軀而表現，而繼續地存在。現在我們要問，為何鷄狗禽獸的心，跳不出它們的身體，即物而表現、而存在？而人類獨能之呢？關於這一層，我們仍將根據現在人所有的常識，來試加以一種淺顯易明的解答。

人有腦，狗也有腦；人有心，狗也有心。但人有兩手和十指，狗沒有，其他一切動物禽獸都沒有。因為人有兩手，所以才能製造種種的器具，所以才能產出種種的工業，人類文化，才能從石器時代進化到銅器時代、鐵器時代，乃至煤呀、電呀，和原子能呀，而形成了今日世界的文明。依照馬克斯說法，從石器到原子能，這一切，都叫做人類的「生產工具」。而且他又說，生產工具變，人類社會一切也隨之而變。因此他說只是「物決定了心」。

但我要再三地說明，我們的身體，也只是物質，我們的生命，僅是借身體而表現，我們憑藉於身體之一切活動與作為，而使生命繼續地向上與前進，所以身體也只是一種工具。但試問，這種工具是否即可名之為生產工具呢？耳朵用來聽，鼻子用來嗅，眼睛用來看，嘴巴用來飲食和說話，人身上每一種器官，在生命意義上說來，都有它的一種用處。人身上每一種器官，都代表著人類生命所具有的一種需要與欲望。

中國理學家所說的「天理」，淺說之，也就指的這些人類生命所固有的需要與欲望。有需要、有欲望，便有配合上這種需要與欲望的器官在人身上長成。所以中國的理學家要說「性即理」。當知生命要看才產生了眼睛，要飲食和說話，才產生了嘴巴。人身一切器官皆如此。因此，為要求使用外物，支配外物，才又產生了兩手和十指。

依照這個道理說，身體實為表現生命的工具，卻決不可稱之為生產工具。同樣道理，直從石器、銅器、鐵器，而到原子能，實在也都是我們人類的生命工具，那可僅說是生產工具呢？

我們畏寒怕熱，要避風雨和陽光，所以居住在房屋裏，好藉以維持我們適當的體溫。人身皮膚的功用，本來就是保持體溫的，所以房屋猶如我們的皮膚。衣服的功用也相似。所以衣服房屋，全都似乎等於我們的皮膚，此乃是我們皮膚之變相與擴大。我們在室內要呼吸新鮮空氣，所以得開窗戶，窗戶也等如我們的鼻子。關着窗，便如塞着鼻子覺悶氣。我們在室內，又想看外景，窗戶又等如我們的眼睛。閉着窗，便如蔽着眼，外面一些也見不到。我們該說，這一切東西，都是我們生命的工具，難道你都能叫它們作生產工具嗎？

我們穿衣服，衣服即等如我們的皮膚。我們用這杯子喝水，這杯子就等如我們的雙手。太古時代人沒有杯子，便只可雙手掬水而飲了。我們現在有了此杯子，水可放杯子裏，不再用雙手掬，豈不是那杯子便代替了我們的雙手嗎？同樣道理，汽車等如是我們行走在陸地上的腳，船等如是我們行走在水面上的腳，飛機等如是我們行走在天空中的腳。皮膚吧、手吧、腳吧、身體上的一切，我們都可說它是生命的工具。因此，衣服呀、杯子呀、車呀、船呀，我們也說它是生命工具了。

中國古人說「天地萬物，與我一體」。正因為人的心，能不專困在自己的身軀裏，人的生命也能不專困在自己的身軀裏。因於人的心靈之活動，而使人的身軀也擴大了，外面許多東西，都變成了我身軀之代用品，那不啻是變相的身軀。因此，我的心與生命，都可借仗這些而表現而存在。人的手和足，顯然不單是一種具有經濟意義的生產工具，而更要的乃是我們的生命工具呀！

若照馬克斯理論推演去，則人身也將全成為生產工具，連人生也將全成為生產工具了。那豈不將成為宇宙之終極目標與其終極意義，便只在生產嗎？這話無論如何也講不通。當知天地萬物，皆可供人類生命作憑藉而表現，皆可為人類生命所寄託而存在。因此天地萬物，皆可為人類生命之活動與擴大。即就生產論，當知是為了生命纔始要生產，不是為了生產纔始要生命的。

由上所言，可知生命之存在於宇宙間，其價值實高出於物質之上。物質時時變壞，而生命卻能跳離此變壞之物質而繼續地存在。所以生命像是憑依於一連串的物質與物質之變壞間而長存了。再用杯子作例，杯子猶如我們的雙手，我們雙手隨身，卻不能割下假借別人用，而此杯子則人人皆得而使用之。我們的皮膚，也無法剝下贈送人，但衣服則可借贈與任何人穿着。這乃是人類生命工具之變進，人類生命工具之擴大，也即是人類生命工具之融和。私的工具變成了公的工具。一人獨有的工具，變成了大家共有的工具。所以說是工具之融和。

當知，正因人類生命工具之擴大變進與融和，而成為人類生命本身之變進、擴大與融和。人類生命經此不斷的變進擴大與融和，纔始得更為發揚而長存。這便是所謂人類的文化。人類文化則決不是唯物的，而是心物交融，生命與物質交融的。

五

人身除了雙手之外，還有一件東西異於其他動物的，那就是人的一張「嘴」。馬克斯見手不見嘴，知其一，不知其二。他思想的局限，這一點也是值得注意。這因馬克斯只是一個研究經濟學的人，經濟現象只占人生文化中的一部分，馬克斯的學說，卻又只是經濟學中的一小支派，他自然不能瞭解人類文化之大全體。

我們剛才說，心跳進瓷土，就造成了杯子，心跳進棉麻，就造成了衣服。人類心靈這一種跳離身軀而跑進外物的努力，都得經過雙手的活動而實現，而完成。現在我們說到嘴，卻使我們的心，跳離身軀而跑入別人的心裏去。猴子鷄狗都有心，牠們也知有喜怒哀樂，牠們也能有低級的思維。所惜的，是牠們的一張嘴，不能把此心所蘊來傳達給別個心。因此它們的心，跳不出它們的軀體，跑不進別個軀體的心裏去。我們大家都知道，表現內心情感知識一種最好的途徑是聲音，聲音能表現我心，表現得纖細入微。人有了一張嘴，運用喉舌，發出種種聲音，內心的情感與知識，得以充分表現，讓別人知道我此心。人類一切的內心活動，均賴語言為傳達。所謂傳達者，即是跳出了我此軀體，而鑽入別個人的心裏去，讓別人也知道。若作生產工具看，試問人的那張嘴，又能生產些什麼呢？果照馬克斯理論，嘴該是沒有經濟價值的。因此手的活動在歷史上能把來劃時代，而嘴的活動，便沒有這樣的作用與分量了。那豈不是知其一，不知其二嗎？

人類又經嘴和手的配合併用，用手助嘴來創造出文字，作為各種聲音之符號。人類有了文字以後，人的心靈更擴大了，情感、思維、理智種種心能無不突躍地前進。這眞是人類文化史上一個劃時代的大標記。譬如說，人類有語言，是人類文化躍進一大階程。人類有文字，又躍進一階程。人類有印刷術，又躍進一階程。但在馬克斯的唯物史觀與生產工具的理論下，這些便全沒有地位來安放了。

從前中國有一個故事，說有一仙人，用小籠子裝鵝，籠子小，只像能裝一隻鵝，但再添裝千萬隻鵝進那籠子，也儘不妨，儘能容，那鵝籠子能隨鵝羣之多少而永遠容納進。但卻並不見那鵝籠子放大了。今天人類的心量，也正如那仙人裝鵝的小籠。別人心裹之所有，儘可裝入我心裹，上下古今，千頭萬緒，愈裝進，心量愈擴大。但心還是那心，並不是眞大了。這不是神話，卻是日常的實況呀。

即就我們今天的日常生活言，種種衣物用具，表面看，豈不是都由我們這一代人自己做成嗎？但仔細想，便知其不如此。這已是幾千年來，經過千千萬萬人心靈之創製改進累積而成有今日。所以我們一人之心，可變成千萬人之心。如某人發明一新花樣，人人可以模仿他。而千千萬萬人之心靈，也可變成為一人之心。如某一人之創製發明，其實還是承襲前人的文化遺產而始有。又如我一人造一杯，萬人皆可用。一人寫一本書，萬人皆可讀。而任何一人，也可用萬種器具，讀萬卷書。

諸位當知，鷄狗並不是無心、無智慧、無情感，無奈牠們缺乏了我上述的那種用來表現心靈傳達心靈之工具。因此，牠們最多也只能表現牠們的心靈，在牠們自己那個軀殼裏。人類則不然。如人類運用數字計算，最艱難的數學題，也可用筆來解決。若使以前人沒有數字發明，即最淺易的算題，有時也會算不清。我們因此也可說，那些數字，便是我們人類的新腦。是我們人類自創的文化腦。不知那時代人發明了數目字，從此卻成為人類計算一切的一種新腦子。所以數目字也同腦一般，是我們計算的工具，也同腦一般，是我們的生命工具了。現在人發明有電腦，此「電腦」二字，卻是很恰當的。電腦也是生命工具，非生產工具。

即如愛因斯坦吧，若沒有前人發明供他來利用，他也無從發明他的相對論。所以愛因斯坦的腦子，實在是把幾千年來人的腦子，關於此一問題之思維所得，統統裝進他腦子裏，變成了他的大腦子，這腦子自然要更靈敏，勝過宇宙天賦我們的自然腦。此刻愛因斯坦死了，有人把他腦子解剖，也和平常人類一般的，但這只解剖了他的自然腦，沒有能解剖他的文化腦。他的文化腦，豈不正像我上面所說的那位仙人的鵝籠嗎？

但我們更應該說，電腦絕非是人的文化腦。倘要把電腦來代替人的文化腦，如欲用機器人來代替眞人，而不知其間的差別，這又將是他日的一大錯誤。

再說如記憶吧，你的腦子記不清，寫一行兩行字，便記住了。那一行兩行字，也是你的生命工具，也是你的文化腦。而且那一行兩行字，不僅替你記憶，也還能替一切人記憶。一切人看見此一行兩行字，便都會記起那一行兩行字中之所記，所以那一行兩行字，也便變成了千萬人之公腦了。千萬人之公腦，又能變成一個人的私腦。如人走進圖書館，千萬人所記，隨手翻閱，都可記上他心來。這便是語言文字之功，也即是那一張嘴的功。

六

我還要進一步說明，我的身體與你的身體雖然是不同，而我們的生命則儘可融和為一的。這如何說法呢？試讓我再舉一例來說明。人與鷄狗豈不都有雌雄之分嗎？但人卻有夫妻婚姻制度之創建。這種夫妻婚姻制度，乃由人類生命中的一種藝術與欲望之配合而產生。從單純的動物雌雄之別，進而為人類的夫妻的婚姻制，這裏面有一種要求在促成。這一種要求，也可說是人同此心，心同此理的。有了此夫妻婚姻制，就接着有合理的家庭和社會，和人類的一切文化，都由此引生出。所以我們說，婚姻制度與家庭制度之出現，這並不是一個人的生命表現，而實是人類的「大生命」之共同表現。諸位在此聽講的，早遲都會要結婚，那時你們將感到新婚之情感與快樂，和對婚後之一切想像。你們在那時，可能認為那是你們的私事。但這想法是錯了。大家莫誤會，不要認為這是由於你們自己夫妻兩人間獨有的私心情。當知這些事，實在是由你們的父母雙親，上至你們的列祖列宗，一代接一代的生命的表現與擴張而引起，也即是整個人類大生命中的表現之一瞥。換言之，這已是從前曾有不知數量的人的心，此刻鑽進了你的心裏，而你始獲有此種情感與想像的。否則貓與狗，為何沒有你那樣的情感與想像呢？五十萬年以前的原人，他們那時心裏為何也沒有你那樣的情感與想像呢？而何以在你同時同社會的男女，他們對婚姻和家庭的感情與想像之表現，又是大致相差不遠呢？所以整個人類生命演進，實是一個大生命。在此大生命的潮流裏，實不能有嚴格的你與我之別，也不能有嚴格的時代與地域之分別。這就是我上面所說的生命之融合。

以上說人類生命是共同的，感情也是共同的，思想理智也仍是共同的。因人心久已能跳出此各別的軀體，在外面來表現其生命。至於在各時代，各種人間的生命表現之儘有所不同，那可說是生命大流在隨勢激盪之中所有的一種藝術吧。而逼其採取了多方面的多樣的表現，在其深藏的底裏，則並非有什麼眞實的隔別的不同存在。故人心能互通，生命能互融，這就表現出一個大生命。這個大生命，我們名之曰「文化的生命」，「歷史的生命」。馬克斯則只知道生產工具與唯物史觀，他不知道文化生命與歷史生命之整體的大意義。所以他看人類歷史，則只是在生產，又只是在為生產而鬥爭了。

根據上述，可知我們要憑藉此個人生命來投入全人類的文化大生命歷史大生命中，我們則該善自利用我們的個人生命來完成此任務。馬克斯知有手，不知有嘴。又認為一切由物來決定心，而不知道應該用心來控制物。實在是看錯了人生。

七

現在讓我講一故事，來結束上面一番話。

大約在二十一年前，我有一天和一位朋友在蘇州近郊登山漫遊，借住在山頂一所寺廟裏。我借着一縷油燈的黯淡之光，和廟裏的方丈促膝長談。我問他，這一廟宇是否是他親手創建的。他說是。我問他，怎樣能創建成這麼大的一所廟。他就告訴我一段故事的經過。他說，他厭倦了家庭塵俗後，就悄然出家，跑到這山頂來。深夜獨坐，緊敲木魚。山下人半夜醒來，聽到山上淸晰木魚聲，大覺驚異。淸晨便上山來找尋，發見了他，遂多携帶飲食來慰問。他還是不言不睬，照舊夜夜敲木魚。山下人衆，大家越覺得奇怪。於是一傳十，十傳百，所有山下四近的村民和遠處的，都聞風前來。不僅供給他每天的飲食，而且給他蓋一草棚，避風雨。但他仍然坐山頭，還是竟夜敲木魚。村民益發敬崇，於是互相商議，籌款給他正式蓋寺廟。此後又逐漸擴大，遂成今天這樣子。所以這一所大廟，是這位方丈，費了積年心，敲木魚，打動了許多別人的心而得來的。

我從那次和那方丈談話後，每逢看到深山古刹，巍峨的大寺院，我總會想像到當年在無人之境的那位開山祖師的一團心血與氣魄，以及給他感動而興建起那所大寺廟來的一羣人，乃至歷久人心的大會合。後來再從此推想，纔覺得世界上任何一事一物，莫不經由了人的心、人的力，滲透了人的生命在裏面而始達於完成的。我此後才懂得，人的心、人的生命，可以跳離自己軀體而存在而表現。我纔懂得看世界一切事物後面所隱藏的人心與人生命之努力與意義。我纔知，至少我這所看見的世界之一切，便決不是唯物的。

我們若明白了這一番生命演進的大道理，就會明白整個世界中，有一「大我」，就是有一個「大生命」在表現。而也就更易瞭解我們的生命之廣大與悠久，以及生命意義之廣大與悠久，與生命活動之廣大與悠久。而馬克斯所認為一切由物來決定心的那一種唯物史觀，以及其僅懂得生產與財富價值的人生理論與歷史觀，實在是太褊狹，太卑陋淺薄得可憐了。而其不能悠久使人信奉，也就不言可知了。

（一九五一年四月十九日新亞書院文化講座演講，講稿曾收入新亞講座錄，一九五五年收入本書時全文已重加改寫）

五　如何探究人生眞理

一

宇宙指整個自然界而言，那是無限的。縱使依照最近科學上的發現，認為宇宙有限，然就人的立場言，仍可稱之為無限。世界指整個人生界而言，則是有限的。有限的世界，包裹在無限的宇宙之內。亦可說此有限世界乃佔踞着無限宇宙之中心。惟因宇宙無限，故在此無限中之任何一點，都可成為此無限內的中心。而個人則尤屬有限中之有限，但每一個人，在此無限大宇宙裏，莫不各各自占一中心。外圍無限，中心有限。然中心不能脫離外圍而自成為中心，而此有限中心，又不能與無限外圍完成一體。換言之，有限只就此無限而成為一中心，卻不能即就有限上完全呈現此無限。

人生既屬有限，於是人生所可獲得之智識亦有限。有限的智識，不能窮究無限之自然。自然眞理應屬無限，而人生眞理則盡屬有限。人類智識所發現之有限眞理，雖可呈露出自然無限眞理之一部分、一面相，而決非即是此無限眞理之全體。今試問：就此無限自然之無限眞理言，此有限人生所發現之有限眞理，固得承認為眞理否？此應為有限人生中一絕大之問題。

就此問題上，東西文化精神，有其顯相違異之意見與態度。

我常謂東方文化乃內傾型者，西方文化為外傾型者；亦即謂中國人追求眞理重向「內」，而西方人追求眞理則重向「外」。

試加以簡要之說明。

上圖：虛線表其無限，實線表其有限。就中國古語言，一屬天，一屬人。就近代術語言，一屬自然，一屬人文。

下圖為西方人追求眞理之形式。西方常主向外追尋，即向於有限的人生世界之外圍，即無限自然中探尋眞理，俟有所得，再回向於有限人生世界作指導，求應用。因此西方人之眞理觀，常為超越人生而外在。西方人所認為之眞理，必為一種客觀的，由此而產生宗教、科學，與哲學。

(1)
世界 (2)

宗教信仰有上帝，上帝超越人生而外在。上帝不專限於此有限之人生界，上帝觀念必與此無限宇宙觀念相訢合。故上帝身邊之眞理，實為一種無限眞理。至於人生一切有限眞理，則由此無限眞理來規範，來決定。

科學探究自然。自然無限，則科學所探究者亦無限。自然眞理無限，則科學所將探究之眞理，亦必是一種無限眞理。

西方哲學界常有唯心唯物之爭，此指無限宇宙無限自然之最後本質，屬心抑屬物，此仍是一無限眞理方面之爭辯。凡西方哲學界所探究之眞理，大體亦都屬於無限眞理之一面者。

二

今姑不論西方宗教、科學、哲學三方面所得之眞理其是乎否乎，孰是孰非，而有兩端必然可說者。其第一端既主向無限追尋，則必然易於分道揚鑣，各自乖離，而其所得之眞理，則往往偏而不全。因其所得皆是此無限眞理之一偏，而決非其全部，如是故相互間易啟爭端，不易會合。

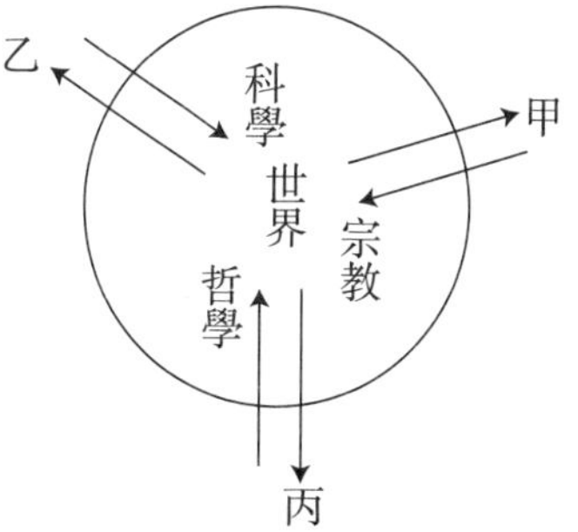

甲
乙
丙
科學
世界
宗教
哲學

如上圖，譬之吾人走離居室，門外即茫茫禹迹，自可有許多方向，許多道途，東西南北，各任所之。愈走愈遠，可以終古不相合幷。故近代科學分科分類，枝葉繁滋，各成專門，循至互不相涉。而哲學上之派別分歧，莫衷一是，更屬顯著。即就宗教言，同信一上帝，同信一耶穌，仍可有種種宗派，種種區分。不僅宗教、科學、哲學三分野，各自僅得此無限宇宙眞理中之一偏。即每一分野中，亦何嘗不歧中有歧，各據一偏。莊子所謂「道術將為天下裂」，恰似說中了西方的智識界。

茲再說第二端。宇宙既屬無限，則向外追尋，其路途亦無窮。無論其所到達如何遠，必將永遠如在中途，將永遠無終極之歸宿。上帝身邊之眞理，計惟上帝自知之。人類所知之上帝，則永遠決非上帝之眞與全。宗教進程，無疑的，將永遠如在中途摸索。近代科學，突飛猛進，一日千里。然科學探究之進程，無疑亦將永在中途。此無限大宇宙之奇祕的無盡藏，何日得為人類科學探究全部發掘，更無餘蘊，此似一不合情理之發問。至於哲學思辨上之永遠得不到結論，只有繼續摸索向前，更無有一旦到達之歸宿，理更易知。

然而追尋愈遠，其回向人生，亦將愈感疏濶，愈成隔閡。歐洲中古時期，正因宗教路程向前太遠，遂致回顧人生，形成一片黑暗。近代歐洲，又是科學哲學向前探索太遠，而發生流弊。人文科學追不上自然科學，形成目前之文化脫節，此義已得近代西方大多數人之認可。哲學上之唯心論、唯物論、實在論、唯生論，種種思辨，只要推尋愈深，摸索愈遠，其回頭來指導人生，求在人生世界實際應用，亦必愈感隔膜，愈多扞格。中國有成語曰，「途窮思返」。其實人類向無限宇宙追尋眞理，乃因途無窮而不知返，因此西方思想界遂儘生變動，儘起爭端。宗教路程走得太遠了，忽而改途轉向科學。唯心的思辨走得太遠了，忽而改途走向唯物。前車之覆，後車之鑑。只要向無限宇宙追索得太遠，必然會折回來，另走一新路。但此新路，亦同樣無終極，同樣將折回頭來。此乃西洋思想史上一具體可指的已往陳迹。

三

莊周有言，「我生也有涯，而知也無涯，以有涯隨無涯，殆已。已而為知者，殆而已矣。」這是說，人生有限，而知識範圍則無限。若將有限人生來追求無限知識，終是一危險事。再把此追求所得，認為已是無限眞理，回頭來，把此眞理來指導人生，則更將是一危險事。

中國人的思想方式，顯與西方不同。

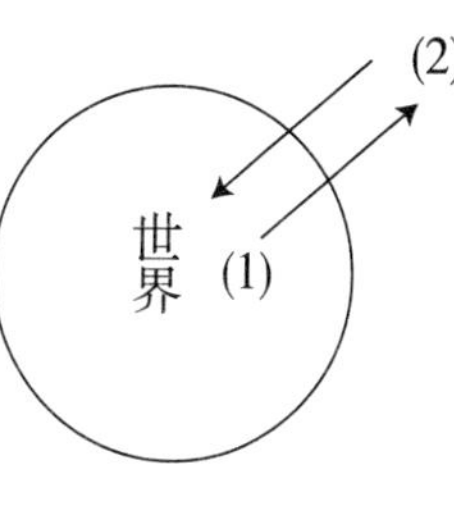

如上圖，中國人追求眞理，主先向內，先向人生世界之本身求體驗。體驗所得，再本此轉向外面宇宙去觀照，故中國人之眞理觀，乃為現實而內在者。換言之，亦可謂是主觀的。

尚書言，「天視自我民視，天聽自我民聽。」要瞭解上帝，即在瞭解人生。孟子言，「盡心知性，盡性知天。」要瞭解天，即在瞭解人。如是何能有宗教？若有宗教，仍屬有限世界中之一種人文教，而非無限宇宙超越外在的一神教與上帝教。

中庸言，「盡己之性，可以盡人之性。盡人之性，可以盡物之性。盡物之性，而後可以贊天地之化育。」仍主先從有限世界通向無限宇宙，不主先由無限宇宙回向有限世界。如是則不會有像西方般的科學。中國科學，則如所言「正德、利用、厚生」，仍是人本位。就世界來窺宇宙，非由宇宙來定世界。而且常有把盡物性一目的置為次要之意態。

孔孟言仁，言性善，言中庸，僅屬於日常人生。故曰「下學而上達」。因此不能有形而上學，不能有像西方般的哲學。若謂中國有哲學，實僅以人生哲學為主，其實則是日常人生之一種深切經驗與忠實教訓而已。

因此中國所長，不在宗教，不在科學，亦不在哲學，而在其注重討論人生大道上。宗教、科學、哲學之所求，乃為宇宙眞理。宇宙眞理，無限不可窮極。人生大道屬於有限世界。向有限世界體驗，可以當體即是。要求瞭解人生世界，即在人生之本身，不煩向外追尋。人生乃宇宙一中心，若謂中國人講的人生大道即等於在講人生眞理，則人生眞理亦即宇宙眞理中之一基點。有限知識，當作為尋求無限知識一指針。人若面向無限宇宙，不免有漆黑一片之感。但返就自身，總還有一點光明。即本此一點光明，逐步憑其指導，逐步善為應用，則面前之漆黑，可以漸化盡轉為光明。此光明雖屬有限，而即在有限世界中求有限眞理，此有限光明即如無限光明。故曰：「知之為知之，不知為不知，是知也。」

孔子所謂「知之為知之，不知為不知，是知也」，此一語，實為中國傳統知識論奠基。西方哲學上之知識論，大要有兩問題，一在問我之何以而能知？一在問我之所能知者究是些什麼？換言之，即何者為我之所能知。中國傳統知識論，則重在先認識了第二問題，再來研討第一個問題。

四

如上所論列，人類之所能知，僅屬有限。則人類所能獲得之眞理，亦必屬於有限者。若為無限，則既非人類之知所能知，試問既所不知，又何從而知其為眞理。故眞理必在知之範圍內，而知又必在人之範圍內。若先求超越了人，此知又何所附麗以成為知。故人所知之眞理必屬有限，又必屬於人生範圍之內。

人生眞理之所以若見為無限，乃亦正以人知有限，不知此眞理之所至，遂若見其為無限。試再以淺譬說之。二加二等於四，此可謂一眞理。此眞理似是無限，然當知數字無窮，自一以上，可以至於十百千萬億兆京垓之無窮。自一以下，又可至於十之一、百之一、千之一、萬之一、億兆京垓之一而無窮。今若以二加二為限，則其答數僅為四，此又非有限而何？惟其有限，惟其僅限於一數四，故可成其為無限。此一無限，實一至有限中之無限也。至有限之無限，與無限本體異。無限本體斷屬不可知。人類可知者，則僅此至有限中之無限耳。

何以而知二加二等於四，此即在於二加二之實際有限中求之而可得。若忽視了此實際有限之二加二，而漫然於十百千萬億兆京垓之無限數中，加減乘除，以無限公式，無限方法求之，則此有限眞理反將昧失而不可見。

然數字既無限，則數理亦無限。斷不當即據二加二等於四一有限公式，而認為無限數理即盡於此有限公式中。當知數理無限，故公式亦無限，而每一公式則皆有限。數理無限中，包涵了此一切有限的公式。而每一公式則斷然皆為有限者。換言之，每一人類知識中之數理公式則必然是有限者。

故人類當於此無限不可知中，尋求一切有限可知之眞理。其唯一方法，仍在劃定一有限可知之範圍，而即於此範圍中求之。若有此一公式，$X+2=4$，X為一未知數，在無限數字中，此X所代表者究屬何一數，此若極難知，而實不難知。因有$?+2=4$，已劃定一範圍，即於此至有限之範圍內求之，便知X之必為2，而不能為其他數。故人必於有限中求知，而所知者亦必仍然是有限。

上帝則絕不是一有限，自然亦絕不是一有限，西方哲學界所爭之唯心唯物之心與物，亦不是一有限。人類求知，既是從有限性的範圍內求，則所得必然仍有限。若求跳出此有限性的範圍，則人類並無此能知，又何得有所知。故人類求知，先必返就己之所能知而求，而及其求而得，轉可成無限。如二加二等於四，雖極有限，而在極無限中，只要遇到此二加二，便知其必然等於四。故此一有限，因其放入於無限中，遂同樣成其為無限。故有限可知之所以能成為一種無限眞理者，正以其外圍尚有一無限不可知之宇宙。以我在此有限世界中之所知，放入於無限不可知之宇宙中，而纔使有限可知之亦等如無限耳。

故人類在知其所知之同時，必須知在其所知之外圍，尚有一不可知。所知有限，不可知無限，而有限必包絡於無限中，此亦是一眞理。西方宗教、科學、哲學在人類知識前進路程上之大貢獻，只在其不斷提示一種無限不可知之外圍，使人類之知，能妥放一眞位置，並能續向此不可知之外圍而前進。

今試再設一淺譬。當羅馬凱撒臨政時，西方世界僅知有一羅馬帝國，遂認羅馬帝國為至高無上。因認其為乃人類一切眞理之標尺，同時亦認羅馬法律乃及凱撒之執掌此法律之最高權位人，亦同為至高無上，亦為人類一切眞理之標尺，此乃當時西方世界之囿於所知，而不知於所知之外之尚有一無限的不可知。耶穌對此提出了抗議，他說，羅馬帝國僅屬於人間，羅馬帝國之外尚有天國，則不屬於人間。人類一切眞理標尺，並非羅馬法律，而係人世間之愛。掌之者非凱撒，而實為上帝。此一抗議，有其顚撲不破之眞理性。即有限可知的羅馬帝國，乃及羅馬帝國當時之法律與其最高掌權人，決非人類唯一眞理的標尺。此一啟示，可以導引人更向無限中尋求眞理而前進。然羅馬帝國崩潰以後，當時西方人遂又確認天國與上帝為人類眞理唯一的標尺。則試問所謂天國與上帝，既屬無限界，如何能為人類知識能力之所知？天國與上帝既屬無限界，即不在人類知識之可知之境域中。而當時人乃誤認不可知者為確知，安得不由此而陷入了另一迷惘中。

於是遂引生出歐洲人文藝復興以後之大反動。此後西方的自然科學家，又領導人類知識闖進另一無限不可知之境域，而不斷有許多新發現。但此數百年來自然科學界之不斷的新發現，實亦同樣限於一些有限可知之範圍內。若再要越出此一步，認為此諸發現，便已把握到整個宇宙無限界之最高眞理，則同樣又是一迷惘。

西方的哲學家，總在擺脫人類常識界之所謂已知的，而更求闖進另一不可知之無限界。此種努力，其貢獻亦甚大。至少使人能瞭解此有限可知之到底是有限。在打破人類之誤認此有限為無限之一迷惘上，各派哲學思想皆有所貢獻。但若臨到他們自己提出一種對於無限不可知界之假說與推論，則永遠只是一種假說與推論，只成其為人類知力之一種遊戲三昧，而同樣必然仍將陷於又一迷惘中。

所以人類求眞理，必當還就人類本身之有限可知中求之，而同時又必知人類本身所知之永遠是有限。而此有限之外，永遠有一無限不可知者包絡之。人類必知在此無限不可知之大包圍中，如何站穩在一有限可知之中心立場，而又能不斷活潑移動，以自在游行於其四圍之無限不可知中。而遂使其有限可知，亦若一無限。而兩者能融成為一體。此殆為人類求知之唯一當循之正道。而孔子「知之為知之，不知為不知」之一語，正指示出了此一正道之大方向與大目標。

五

上面已說過，人類之在大自然中，乃一極小的有限，而欲不害其可為無限大自然之一中心。若再進一步言之，則此有限的人生界，若對每一個人言，仍像一無限。而每一個人正亦不妨各各成為人類無限之一中心。此各各個人即所謂「我」。此所謂我者，乃是至有限中之更有限。就東方人傳統的求知方法論，此一有限中之更有限者，正為人類求知之唯一最可憑據之基點。故人類求瞭解宇宙，最先第一步在瞭解人生。人類求瞭解人生，最先第一步在瞭解各各自己，即我之個人。此卻與西方人所提倡之個人主義又不同。就西方哲學言，「自我」與「宇宙」對立。就中國觀念言，乃因「我」為人類社會一中心，猶之「人類」之為宇宙之中心。故大學言修身、齊家、治國、平天下。

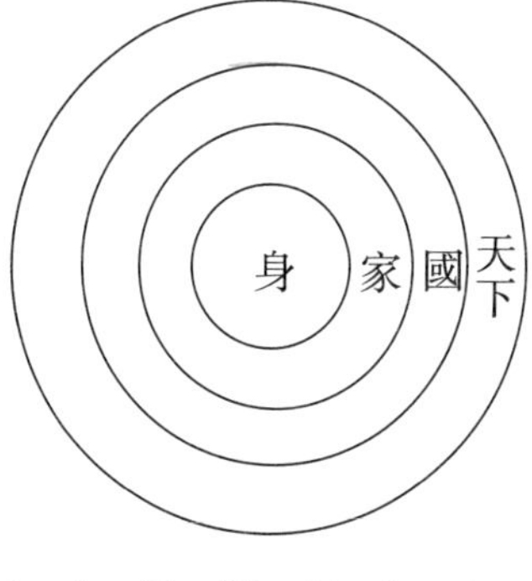

如上圖，身即在家之內，家在國之內，國在天下之內，而天下則又在宇宙之內。天下即相當於在無限宇宙內之有限人生界一點。因此，就西方言，主張個人主義者，常易輕視人類之全體。他們常認為個人即可直接上帝，面對自然。而若主張全體主義，大之如自然全體，小之如人類全體，則又必抹殺個人，不替它安放一應有的地位。他們不以個人為全體之工具，即以全體為個人之工具。中國人的人生觀，乃非個人，非全體；亦個人，亦全體，而為一種「羣己」融洽、「天人」融洽之人生。由中國古來習用語說之，此乃一種「道德人生」，亦即「倫理人生」。倫理人生亦稱「人倫」。中國人於人倫中見仁、見善、見中庸、見德性、見道。於人倫中見「人道」，亦即於人倫中見「天道」。無個人，即無全體。而個人必於全體中見。因此在中國社會有「五倫」。

父子與兄弟為天倫，君臣與朋友為人倫。從天倫有家庭；從人倫有社會。而夫婦一倫，則界在天人之際。夫婦如朋友，屬人倫，而天倫由此一人倫而來。故就自然言，先有天，後有人。就人文言，實先有人而後有天。故以五倫立「人極」，而五倫又以各人之「自我」為中心。父者我之父；子者我之子；君者我之君；臣者我之臣；夫婦、兄弟、朋友皆然。然個人分立，即不見有倫。「人倫」觀念，必在中國觀念中始有。故中國人之所謂修身，既非個人主義，亦非全體主義，而乃一種個人中心之大羣主義，亦可謂是以小我作中心之社會主義。因中心必有其外圍而始成為一中心。若無外圍，即不成為中心。故無「大羣」，即無「小我」。因小我實為此大羣之中心。故小我地位，亦非輕於大羣。若分開每一倫看，則五倫皆若為相對的。苟能會合五倫而通觀之，則顯見以自我為中心，以社會羣體為自我之外圍。而外圍與中心，則合成一體。

再推此有限的人生世界，擴展到無限的自然宇宙，亦以宇宙為外圍，以世界為中心。一如以世界為外圍，而以自我為中心。如是則「天人合一」，「有限」「無限」自可融成一體。故中國文化精神，乃以此有限中之有限個人小我為中心，而完成其對於無限宇宙之大自然而融為一體者。

故中國文化，最簡切扼要言之，乃以教人做一「好人」，即做天地間一「完人」，為其文化之基本精神者。此所謂好人之「好」，即孟子之所謂「善」，中庸之所謂「中庸」亦即孔子之所謂「仁」。而此種精神，今人則稱之曰「道德精神」。換言之，即是一種「倫理精神」。因此種精神，必從人倫上見。以近代哲學術語言，中國觀點，不重在分別之個體，亦不重在渾整之全體，其所重，乃在全體中重視各個體相互間之各項關係，而以各個體為各中心。

今試進一步問，如何始能做一好人？此則由於各自內心之明覺，由於各人自己之向內體驗，而不在其向外追尋。各人憑其各自內心之明覺而向內體驗，由此所得之眞理，眞乃有限之有限，當體而即是。人生一切眞理，莫要於先使自己做成一好人。而各人自知之明，必遠多於他人之知我。使我如何做成一好人，此其自知必最眞最切。宇宙既無限，世界亦至廣大，時不同，地不同，人人才性不同，處境又不同。父子、兄弟、夫婦、君臣、朋友，倫類對象，無一相同，奈何可得一同一之眞理？在西方必求之上帝，求之科學，求之哲學；在中國則人人求之各自之良心。人人良知之所明覺，此即人人當體即是之眞理。此若至有限而實至無限。至無限而又至有限。

六

世界眞理，即建基於此。宇宙眞理，亦必建基於此。此亦至平等，至自由。因其為人人之所知，人人之所能。所謂「我欲仁，斯仁至矣。」「人皆可以為堯舜。」「中庸之道，雖愚夫愚婦，與可有知焉。」堯舜乃大聖人之稱。人皆可以為堯舜，此乃「中庸」之道，然此即人人皆可「為天地立心，為生民立命，為往聖繼絕學，為萬世開太平。」亦即人人可為此無限宇宙之中心。故亦惟此始為最博愛之學。一切宗教、科學、哲學，其最後所期到達，皆脫離不了此一關。孟子曰：「先立乎其大者。」此乃人文大本。由此再向四圍，則宗教、科學、哲學皆有其出發之基點，亦皆有其終極之歸宿。然則中西文化精神，豈不由此可以綰合。百年前，中國學者曾有「中學為體，西學為用」之說。我想由此闡入，或庶乎其近是。

（一九五二年四月民主評論三卷八期，人生問題發凡之一）

六　如何完成一個我

一

天地只生了一個一個「人」，並未生成一個一個「我」。因此大家是一人，卻未必大家成一我。我之自覺，乃自然人躍進人文世界至要之一關。有人無我，此屬原人時代。其時的人類，有「共相」，無別相。有「類性」，無個性。此等景況，看鳥獸草木便見。

「我」之發現，有賴於「人心」之自覺。今日人人皆稱「我」，僅可謂人人心中有此一嚮往，卻並非人人有此一實際。僅可謂人人心中俱有此感想，卻並非人人盡都到達此境界。故人心必求成一我，而人未必真能成一我，未必能真成一真我。

所謂「真我」者，必使此我可一而不可再。曠宇長宙中，將僅有此一我，此我之所以異於人。惟其曠宇長宙中，將僅有此一我，可一而不可再。故此一我，乃成為曠宇長宙中最可寶貴之一我。除卻此一我之外，更不能別有一我，類同於此一我，如是始可謂之為「眞我」。

今試問，人生百年，喫飯穿衣，生男育女，盡人皆同，則我之所以為我者又何在？若謂姓名不同，此則不同在名，不在實。若謂面貌不同，此則不同在貌，不在心。若謂境遇不同，此則不同在境，不在質。

當知目前之所謂我，僅乃一種所以完成眞我之與料，此乃天地自然賦我以完成眞我之一種憑藉或器材。所謂我者乃待成，非已成。若果不能憑此天賦完成眞我，則百年大限，仍將與禽獸草木而同腐。天地間生生不息，不乏者是人。多一人，少一人，與人生大運何關？何貴於億兆京垓人中，多有此號稱為我之一人？

然我不能離人而成為我。若一意求異於人以見為我，則此我將屬於「非人」。我而非人，則將為一怪物，為天地間一不祥之怪物。若人人求轉成為我，而不復為一人，此則萬異百怪，其可怕將甚於洪水與猛獸。

人既品類互異，則萬我全成非我，此我與彼我相抵相消。曠宇長宙中將竟無一我，而人類亦將復歸於滅絕。故我之所貴，貴能於人世界中完成其為我，貴在於羣性中見個性，貴在於共相中見別相。故我之為我，必既為一己之所獨，而又為羣眾之所同。

二

生人之始，有人無我。其繼也，於人中有我之自覺，有我之發現。其時則眞得成為我者實不多。或者千年百年而一我，千里百里而一我。惟我之為我，既於人中出現，斯人人盡望能成一我。文化演進，而人中之得成為我者亦日多。此於人中得確然成其為我者，必具特異之品格，特異之德性。今遂目之為人品人格，或稱之為天性，列之為人之本德。其實此所謂人品人格與人之天性本德云者，乃指人中之我之所具而言。並非人人都具有此品此格與此德性。然久而久之，遂若人不具此品，合此格，不備此性與德，即不成其為人。就實言之，人本與禽獸相近。其具此高貴之品格德性者，僅屬人中之某一我，此乃後起之人，由於「人文化成」而始有。惟既文化演進日深，人人期望各自成一我，故若為人人必如此而後始得謂之人。此種觀念，則決非原始人所有。

故人之求成為「我」，必當於人中覓取之，必當於人中之「先我」，即先於我而成其為我者之中覓取之。人當於萬我中認識一自我。人當於萬我中完成一「自我」。換言之，人當於萬「他」中覓「己」。我之眞成為我者，當於千品萬儔之先我中覓取。此千品萬儔之先我，乃所以為完成一我之模型與榜樣。此種人樣，不僅可求之當世，尤當求之異代。既當擇善固執，還當尚友古人。換言之，則人當於歷史文化中完成我。此亦是中國古語之所謂「理一分殊」。先我、後我，其為我則一，故曰「理一」。而我又於一切先我之外，自成此一我，故曰「分殊」。

人之嗜好不同，如飲食、衣服、居室、遊覽，各人所愛好喜悅者，決不盡相同。不僅嗜好各別，才性亦然。或長政治，或擅經濟，或近法律，或宜科學。工藝美術，文學哲理，才性互有所近，亦互有所遠。各有所長，亦互有所短。苟非遍歷異境，則將不見己相。

若求購一皮鞋，材料花色，式樣尺度，貴賤精粗，種種有別。必赴通都大邑百貨所聚處挑選，庶能適合我心之所欲求。即小可以喻大。今若求在己心中覓認一我，此事更不當草草。當更多覓人樣子，多認識先我，始可多所選擇。每一行業中，無不有人樣，所謂「人樣」者，謂必如此而後可供他人作楷模，為其他人人所期求到達之標準。如科學家，是科學界中之人樣；如電影明星，是電影界中之人樣。其他一切人樣，莫不皆然。凡為傑出人，必成為一種人樣子。然進一步言，最傑出人，卻始是最普通人。因其為人人所期求，為人人之楷模，為人人所挑選其所欲到達之標準，此非最傑出之人而何？此又非最普通之人而何？故俗稱此人不成人樣子，便無異於說其不是人。可見最標準的便成為最普通的。

然科學家未必人人能做，電影明星亦非人人能當。如此則其人雖傑出，而仍然不普通。必得其人成為盡人所願挑選之人樣，始屬最好最高的人樣。此一樣子，則必然為最傑出者，而同時又必然為最普通者。換言之，此乃一最普通而又最不普通之樣子。再換言之，必愈富人性之我，乃始為最可寶貴之我。即愈具普通人性之我，乃為愈偉大而愈特殊之我。

三

在西方，似乎每偏重於各別傑出之我，而忽略了普通廣大之我。其最傑出而最不普通者，乃惟上帝。上帝固為人人所想望，然非人人能到達，抑且斷無一人能到達上帝之地位。故上帝終屬神格，非人格。只耶穌則以人格而上躋神格，乃亦無人能企及。中國人則注重於一種最傑出而又最普通之人格，此種人格，既廣大，亦平易，而於廣大平易中見傑出。釋迦雖云「上天下地，唯我獨尊」，然既人皆有佛性，人人皆能成佛，故世界可以有諸佛出世。於是佛亦仍然屬於人格，非神格。但人皆有佛性，人人皆可成佛之理論，實暢發大成於中國。中國所尊者曰「聖人」，聖人乃真為最傑出而又最普通，最特殊而又最廣大最平易者。故曰「人皆可以為堯舜」。堯舜為中國人理想中最偉大之人格，以其乃一種人人所能到達之人格。

中庸有言：「極高明而道中庸，致廣大而盡精微，尊德性而道問學。」此三語，為中國人教人完成一「我」之最高教訓。極高明是最傑出者，道中庸則又為最普通者。若非中庸，即不成其高明。若其人非為人人之所能企及，即其人格仍不得為最偉大。縱偉大而有限，以其非人人所能企及故。必其人格為人人所能企及，乃始為最偉大之人格，故曰極高明而道中庸。

不失為一普通人，故曰「致廣大」。惟最普通者，始為最廣大者。若科學家，若電影明星，此非盡人所能企及者，因其不普通，故亦不廣大。必為人人之所能企及，而又可一不可再，卓然與人異，而確然成其為一我，故曰「致廣大而盡精微」。

高明精微，由於其特異之德性。此種特異之德性，必於廣大人羣之「中庸德性」即普通德性中學問而得。故曰「尊德性而道問學」。問學之對象為廣大之中庸階層。而所為問學以期達成者，厥為我之德性。斯所以為精微，斯所以為高明。最中庸者，又是最高明者。最精微者，又是最廣大者。斯所以為難能而可貴，斯所以為平易而近人。

人類中果有此一種品格，果有此一種境界乎？曰：有之。此惟中國人所理想中之「聖人」始有之。聖人乃人性我性各發展到極點，各發展到一理想境界之理想人格之稱號。此種人格，為人人所能企及，故為最平等，亦為最自由。既為人人之所能企及，即為人人所願企及，故為最莊嚴，亦為最尊貴。然則又何從獨成其為我，為可一而不可再之我？曰：此因才性不同，職分不同，時代地域不同，環境所遇不同，故道雖同而德則異。此「德」字乃指人之內心稟賦言，亦指人之處世行業言。道可同而德不必同，故曰：「禹、稷、顏回同道，易地則皆然。」易地則皆然，指其道之同，亦即指其德之異。換辭言之，亦可謂是德同而道異。德可同，而道不可同。故曰：「孔子，聖之時者也。」其實聖人無不隨時可見，因時而異。「同」故見其為一「人」，「異」故見其為一「我」。我與人兩者俱至之曰「聖」。

對局下棋，棋勢變，則下子之路亦變。惟國手應變無方而至當不可易。若使另換一國手，在此局勢下，該亦唯有如此下。我所遇之棋勢與弈秋所遇之棋勢異，我所下之棋路，則雖弈秋復生，應亦無以易。故曰：「先聖後聖，其揆一也。」

四

人既才性不同，則分途異趣，斷難一致。人既職分相異，則此時此位，僅惟一我。然論道義，則必有一恰好處。人人各就其位，各有一恰好處，故曰「中庸」。「不偏之謂中」，指其恰好。「不易之謂庸」，指其易地皆然。人來做我，亦只有如此做，應不能再另樣做。此我所以最為傑出者，又復為最普通者。盡人皆可為堯舜，並不是說人人皆可如堯舜般做政治領袖、當元首、治國平天下。當換一面看，即如堯舜處我境地，也只能如我般做，這我便與堯舜無異。我譬如堯舜復生。故曰：「言堯之言，行堯之行，斯亦堯而已矣。」這不是教人一步一趨模仿堯，乃是我之所言，我之所行，若使堯來當了我，也只有如此言，如此行。何以故，因我之所言所行之恰到好處，無以復易故。

禪家有言，「運水搬柴，即是神通」。陽明良知學者常說，滿街都是聖人。運水搬柴也是人生一事業，滿街熙熙攘攘，盡是些運水搬柴瑣屑事，但人生中不能沒有這些事，不能全教人做堯舜，恭己南面，做帝王。我不能做政治上最高領袖，做帝王，此我之異於堯舜處。但我能在人生中盡一些小職分，我能運水搬柴，在街頭熙攘往來。若使堯舜來做了我，由他運此水，搬此柴，讓他在街頭來充當代替我這一分賤役，堯舜卻也只能像我般運，像我般搬，照我般來在街頭盡此一分職，此則堯舜之無以異我處。如是則我亦便即如堯舜。仰不媿於天，俯不怍於人，反身而誠，樂莫大焉。故君子無入而不自得。其所得者，即是得一個可一不可再，尊貴無與比之「我」。若失了我而得了些別的，縱使你獲得了整個宇宙與世界之一切，而失卻了自己之存在，試問何嘗是有所得？更何所謂自得？「自得」正是得成其為一個我。人必如堯舜般，始是成其為我之可能的最高標準。而堯舜之所以可貴，正在其所得者，為人人之所能得。若人人不能得，惟堯舜可獨得之，如做帝王，雖極人世尊榮，而實不足貴。若懸此目標，認為是可貴，而獎勵人人以必得之心而羣向此種目標而趨赴，此必起鬬爭，成禍亂。人生將只有機會與幸運，沒有正義與大道。

宗教家有耶穌復活之說。若以中國人生哲理言，在中國文化世界中也可另有一套的復活。舜是一純孝，一大孝人。但舜之家庭卻極特殊，父頑母嚚弟傲，此種特殊境遇，可一不可再，所以成其為舜。周公則生在一理想圓滿的家庭中，父為文王，母為太姒，兄為武王，處境與舜絕異。但周公也是一純孝，一大孝人。若使舜能復活，使舜再生，由舜來做了周公，也只有如周公般之孝，不必如舜般來孝，亦不可能如舜般之孝。如是則周公出世，即無異是舜之復活了。舜與周公，各成其一我，都是可一而不可再。而又該是易地皆然的，必如此纔成其為聖。但「聖」亦是人類品格中一種，「孝」亦是人類德性中一目。故舜與周公也僅只成其為一個人。因於人類中出了舜與周公，故使後來人認為聖人是一種人格，而孝是一種人性，必合此格，具此性，始得謂之人。故說能在我之特殊地位中，完成此普遍共通之人格與人性者，始為一最可寶貴之我。我雖可一不可再，而實時時能復活，故我雖是一人格，而實已類似於神格。故中國人常以「神聖」並稱。中國人常鼓勵人做聖人，正如西方人教人信仰上帝，此是雙方的人生觀與宗教信仰之相異處。

在中國古代格言，又有立德、立功、立言稱為「三不朽」之說。不朽即如西方宗教中之所謂永生與所謂復活。然立功有際遇，立言有條件，只有立德，不為際遇條件之所限。因此中國人最看重「立德」。運水搬柴，似乎人人盡能之。既無功可建，亦無言可立。然在運水搬柴的事上亦見德。我若在治國平天下的位分上，一心一意治國平天下，此是大德。我若在運水搬柴的位分上，一心一意運水搬柴，水也運了，柴也搬了。心廣體胖，仰不媿俯不怍，職也盡了，心也安了，此也是一種德。縱說是小德，當知大德敦化，小德川流。驥稱其德，不稱其力。以治國平天下與運水搬柴相較，大小之分，分在位上，分在力上，不分在德上。「位」與「力」人人所異，「德」人人可同。不必舜與周公始得稱純孝，十室之邑，三家村裏，同樣可以有孝子，即同樣可以有大舜與周公。地位不同，力量不同，德性則一。中國的聖人，着重在「德性」上，不着重在地位力量上。伊尹、伯夷、柳下惠，皆似孔子之德，亦皆得稱為聖，但境遇不同，地位不同，力量亦不同。孔子尤傑出於三人，故孔子特稱為「大聖」。運水搬柴滿街熙熙攘攘者，在德性上都可勉自企於聖人之列，只是境遇地位力量有差，但其亦得同成為一我，亦可無媿所生，其他正可略而不論了。

上述的這種聖人之德性，說到盡頭，還是在人人德性之「大同」處，而始完成其為聖人之德性。我之所以為我，不在必使我做成一科學家，做成一電影明星。因此等等，未必人人盡能做。我之做成一我，當使我做成一聖人，一「聖我」。此乃盡人能之。故亦惟此始為人生一大理想，惟此始為人生一大目標。

我們又當知，做聖人，不害其同時做科學家或電影明星，乃至街頭一運水搬柴人。但做一科學家，或電影明星，乃至在街頭運水搬柴者，卻未必即是一聖人。因此，此種所謂我，如我是科學家或電影明星等，仍不得謂是理想我之終極境界與最高標格之所在。理想我之終極境界與最高標格，必歸屬於聖人這一類型。何以故？因惟聖人為盡人所能做。顏淵曰：「彼亦人也，我亦人也，有為者亦若是，我何畏彼哉。」

聖人之偉大，正偉大在其和別人差不多。因此人亦必做成一聖人，乃始可說一句「我亦人也」。乃始可說在人中完成了一我。這一懸義將會隨着人類文化之演進而日見其眞確與普遍。

五

以上所說如何完成一我，係在德性的完成上、品格的完成上說。若從事業與行為的完成上說，則又另成一說法。

我必在人之中成一我，我若離了人，便不再見有我。舜與周公之最高德性之完成在其孝。舜與周公之最高品格成為一孝子。但若沒有父母，即不見子的身分，更何從有孝的德性之表現，與孝的品格之完成呢？

當知父子相處，若我是子，則我之所欲完成者，正欲完成我為子之孝，而並不能定要完成父之慈。父之慈，其事在父，不在子。若為子者，一心要父之慈；為父者，一心要子之孝，如是則父子成了對立，因對立而相爭，而不和。試問父子不和，那裏冉會有孝慈？而且子只求父慈，那子便不是一孝子。父只求子孝，那父便不是一慈父。若人人儘要求對方，此只是人生一痛苦。

我為子，我便不問父之慈否，先盡了我之孝。我為父，便不問子之孝否，先盡了我之慈。照常理論，盡其在我是一件省力事，可能事。求其在人，是一件喫力事，未必可能事。人為何不用心在自己身上，做省力的可能事來求完成我。而偏要用心在他人身上，做喫力的不可能事來先求完成了他呢？

人心要求總是相類似。豈有為父者不希望子之孝，為子者不希望父之慈。但這些要求早隔膜了一層。專向膜外去求，求不得，退一步便只有防制。從防制產生了法律。法律好像在人四圍築了一道防禦線。但若反身，各向自己身邊求，子能孝，為父者決不會反對。父能慈，為子者決不會反對。而子孝可以誘導父之慈；父慈可以誘導子之孝。先「盡其在我」，那便不是法而是「禮」。禮不在防禦人，而在「誘導」人。中國聖人則只求做一個四面八方和我有關係的人所希望於我的，而又是我所確然能做的那樣一個人。如是則先不需防制別人，而完成了一我。

防制人，不一定能完成我。完成了我，卻不必再要去防制人。因此中國聖人常主「循禮」不恃法。孔子說：「克己復禮為仁，為仁由己，而由人乎哉？」這是中國觀念教人完成為我的大教訓。

總合上述兩說，在我的事業與行為上，來完成我的德性與品格，這就成為中國人之所謂禮。亦即是中國人之所謂仁。「仁」與「禮」相一，這便是中國觀念裏所欲完成我之內外兩方面。

（一九五二年四月民主評論三卷九期，人生問題發凡之二）

七　如何解脱人生之苦痛

一

世界各大宗教，莫不於觀察人生處有特見之深入。但似乎他們都一致承認人生本質，乃一苦痛的過程。人生本質既是一苦痛，則尋求快樂，決非人生之正道。良以苦痛的本質，而妄求快樂，其最後所得，只有益增苦痛；而其所謂快樂者，亦決非眞快樂。今試問人生何以有苦痛？殆緣人生本屬有限。舉其大者，人生有兩大限：

一為「人、我」之限。

一為「生、死」之限。

人生一切苦痛，則全從此兩大限生。

先言人我之限。曠宇長宙，無窮無極中，而生有一我。以一我處億兆京垓之非我中，那得不苦痛？若人生為求爭取，以一我與億兆京垓之非我爭，又從何爭起，必歸失敗，宜無他途。若人生為求服務，以一我向億兆京垓之非我服務，其任既大，其成亦僅，此為人生一大苦惱。

老子曰：「人之有患，在我有身。若我無身，更有何患？」正以有身纔見有我。有身乃復有死。「我限」「死限」，皆由身來。老子此語，可謂深中人生苦痛之肯綮。

釋迦之教，曰「無我」「涅槃」。耶穌之教，曰「上帝」「天堂」。大旨亦在逃避此人生之有限，或求取消此有限，而融入於無限，用意與老子大相似。惟孔孟儒家，則主即在此有限人生中覓出路，求安適。

何從即就有限人生解脱此有限？曰：「身量有限，而心量則無限。」人當從自然生命轉入心靈生命，即獲超出此有限。超出有限，便是解除苦痛。人之所謂我，皆從「身」起見，不從心起見。心感知有此身，因感知有此我，我即指身言，是之謂「身起見」。此為自然人生中之我，亦即是有限之我。若從心靈生命中見我，則不從身起見，不即指身為我，而乃於一切感中認知有此心，而復於此無限心量中感知有此我。當知「自心」即具一切感，不僅感知有此身，抑且感知身外之一切。非身是我，此感乃是我。而且自心以外，復有他心。能從一切他心中感知我。此一我，決不僅止一身我，必且感知及於我之心而始認之為是我。故他心之感有我，顯不僅指身起見。人必從我與他之兩心之相互感知中認有我。此之謂「心起見」。此始是一種「人文我」，而此我則是一「無限」。

人不能孤生獨立於此世，必有與我並生之同類，即億兆京垓之非我。若從身起見，則如魯濱遜漂流荒島，孑然一身，依然是一我。若從心起見，則人不能孤生獨立而成為我。我必有我之倫類。在中國有五倫。若者呼我為子，我即呼之為我之父。若者呼我為父，我即呼之為我之子。在我心中，同時可有我之父若子、兄若弟、夫或妻、君或臣與友。在他心中，亦同時認我為其父若子、兄若弟、夫或妻、君或臣與友。於此人倫中觀人生，孔子則名之曰「仁」。鄭玄曰，「仁者相人偶。」即不以孤生獨立來看人，而必從成倫相對中看人。故曰：「人者仁也。」人必成倫作對而後始成其為人，則我亦必與人成倫作對而後始成其為我。成倫作對，乃由心見，非由身見。父子之為倫，並非從父之身與子之身上建立此一倫，乃由父之心與子之心，即父之慈與子之孝之相感相通而後始成有「父子」之一倫。其他諸倫亦盡然。我之所以為我，並非由我此心對我此身而成有我，乃由我此心對於我之倫類之心之相感相知而後始成其為我。若認知了此一我，則早已打破了「人、我」之限。並非限於他人而始有我，乃「通」於他人而始有我。

此種我見，乃中國儒家「仁道」中之「我」，與西方思想界所謂個人主義之我決不同。易卜生玩偶一劇，娜拉告其夫，從今以後，我決不在家庭中作一妻，當走向社會作一人。此可代表近代西方個人主義的觀點。近代西方個人主義之充類至極，則必至於超倫絕類，而希望成為尼采所懸想之超人。在中國觀念中，則娜拉縱使擺脫家庭而走向社會，卻必仍在人倫中，仍未能擺脫人倫而卓然成為一絕對的個人。彼或進醫院作護士，或進學校作教師，或投商店為售貨員，或任公司機關一書記，或加入某俱樂部為社員，或浪蕩浮遊，作社會一無業之廢民或女丐。總之，彼脫離不掉此人群，即脫離不了此社會中人與人相倫類的關係。娜拉之走進社會中作一個人，將仍在倫類中作人，仍必與其他人成倫作對。決不能絕對的做一個人。

二

說到這裏，卻可見出中西人生觀一至要的分歧。在中國，主張由「仁道」見人，故對家庭天倫更所重視。在西方，則偏向「個人自由」，故對父子兄弟，凡屬天倫，多被忽視。既忽視了此兩倫，則夫婦一倫只存有「人倫」的關係，而減少了「天倫」的意義。換言之，夫婦也只像似朋友。朋友可合可離，保存多量雙方個人的自由。但今日之夫婦，即他日之父母。父母牽連到子女，其可合可離的自由不得不減少，則轉增了麻煩與苦痛。故西方之夫婦結合，偏傾於社會性，其相互間只有欲望與法律，權利與義務。男女之愛，都還是朋友的。結為夫婦，則是法律的，而仍保有各自的權利。若把中國觀念看，他們最多可說是義勝了仁。義者我也，仁者人也。他們要保存個自一我的獨立精神，深怕給天倫關係損傷了。因一講到天倫，便減損了個人的自由，便不成一完全的理想我。

釋迦、耶穌，同樣不認此五倫。就耶教言，最高的個人自由，應該是對上帝的信仰。耶穌釘死在十字架上，亦即其充分個人自由之表現。人人在內心信仰上與上帝為倫，人人須求在上帝心中有我，始為獲得了眞我。釋迦則不主有我見，必求達於無我無生之究竟涅槃。求能於我心中不見有我，於他心中亦不見有我。

中國觀念，則與上列釋、耶兩教盡不同。中國人好像在五倫中忘失了個人，其實是在五倫中完成了個人。我為人父則必慈，我為人子則必孝。若依個人主義言，豈不為了遷就人而犧牲了我。但以中國觀念言，父慈子孝，乃是天性。而且為人子亦必求父之慈，為人父亦必求子之孝。故為父而慈，為子而孝，此乃自盡己心，而亦成全了他人。斷非遷就，斷非犧牲。此即孔子所謂之「忠恕」。內本己心是忠，外推他心是恕。「己」和「他」同屬人，換言之，則同是「我」。我心即人心，人心即我心。此種人心之同然處，即是人心之常然處。此種同然與常然之心，中國人則名之曰「性」。我之為我，不在我身與人有別，而在我之心性與人有同。並不是有了我此身，即算是有我，應該是具有了我之此「心性」，才始成為「我」。此種我則並非西方個人主義者之超絕的理想我，而是中國人倫觀中所得出的中庸的實際我。由超絕的理想我，使我常求超倫絕類。由中庸的實際我，使我只求在人類之心性中完成我。

但此所謂同然而常然的人之心性，也並不如西方所追求的全體主義。西方的全體主義，又要抹殺個人來完成。中國五倫的人生觀，則全體即從個體上見。我為父而慈，即表現了全體為人父者之慈。我為子而孝，即表現了全體為人子者之孝。孝慈由我而言，似是一「個別心」。由人類心性言，同時即是一「共同心」即全體心。孔子所謂「心之仁」，孟子所謂「性之善」，皆由個別心上來發現出全體心。人生必成倫作對，在成倫作對中，己心、他心，相感相通，融成一心。惟其是己心他心相感相通而融成一心，此心之量擴大可至無限，緜延亦可至無盡。故於心起見之我，亦屬於無限。

因於五倫，而有三事，曰「家」、曰「國」、曰「天下」。我之完成，完成於齊家、治國、平天下之無限進程中。此三事之無限進程，論其實際，仍只是「修身」一事。故既不需為要求完成個人主義而逃避全體，也不需為要求完成全體主義而犧牲個人。我之為我，乃與此全體相通合一中完成。有限而無限，無限而有限。全體人類，則盡在此成倫作對中。但非全體與個人對。西方人亦可謂以個人與上帝為倫，以個人與全體作對，此乃以現實與理想為倫，乃以具體與抽象作對。中國的五倫，只是人與人成倫作對，只是我與他成倫作對。分別言之，則曰：父子、兄弟、夫婦、君臣、朋友。此是個人與個人對，現實與現實對，具體與具體對。而在此相對中，卻透露出極抽象的關於全體的理想。再換辭言之，我們若把此具體的有限來和抽象的無限作對，則必然要把圓滿的理想歸屬於無限抽象，而有限的具體，纔只見其為是一苦痛。若我們把有限具體只和有限具體成倫作對，則在此成倫作對中，轉可發現出無限抽象之圓滿理想，而此個人之有限性，亦即在無限理想中宛爾完成了。

三

以上是說明人我之限，以下將轉說死生之限。但仍可把同一的理路來說明。

死，乃人生之終了。然亦正因有此終了，遂使人生得完成。人之所以為人，我之所以為我，都因其有一「死」。換言之，則因其是一有限者。有此一終了，纔得完成其為人，或完成其為我。故人之有生，莫不決然向於死之途而邁進。求圓滿，則必求有限。求有成，則必求有死。死是把人生定一界限，可讓人生圓滿「有成」。就自然人言，從身上起見，則若生老死滅是一可悲事。就文化人言，就歷史人言，從心上起見，則人之有死，實非生老死滅，而是生長完成。有死，故得有完成，此乃一可喜事。若我無死，我將永不終了，永無完成。故死有限時限刻而必然降臨者，又有隨時隨刻而忽然降臨者，此在佛家謂之「無常」。無常若是苦痛，實非苦痛。惟其人生有此一無常，人生始得產生一善自處理之妙道。莊周有言，「善我生者所以善我死。」這是說，只要善處有限，便是善處無限。孔子曰：「朝聞道，夕死可矣。」這是說，在有限人生之前面，常有一無限之黑影死，時時相迫，人人都可以隨時而死。那一人可在朝上絕對決定其臨夕而斷然不死呢？此正是人生之有限性，因此人必在此有限中趕快求完成。若失了此一有限性，朝過有夕，夕去有朝，明日之後復有明日，人生無限，既無終極，亦將不復有開始。如是則將感其縱再放過了百千萬年，再徐徐求道聞道，亦不為遲。如是則將永無聞道之一日，而且亦將不覺有所謂道之存在。佛家之涅槃，耶教之天堂，老子之無為而自然，都屬憧憬此境界。孔子則吃緊為人，把捉此一段有限之生命，即在此有限中下工夫，只求此有限之完成，再不想如何躍過此有限而投入無限中。正因為人人都有此一機會，必然會躍出有限，跳進無限，那是天和上帝的事，鬼和神的事，非我們人的事。孔子說，「未能事人，焉能事鬼。」又說，「未知生，焉知死。」人生觀其實由人死觀而來。一切人生眞理都由有了一死的大限而創出而完成。在中國人心裏，這一理論，沉浸得夠深夠透的。古人有言，「豹死留皮，人死留名。」中國人不想涅槃，不想天堂，也不想在生前儘量發展個人自由與現世快樂，卻想自己死後還在別人心裏留下一痕跡。這一痕跡便是「名」。忠臣孝子，全只是一個名。名是全人格之品題，名是他的生前之全人格在別人心裏所發生的反映與所保留的痕跡。古人又云，「蓋棺論定」。人若無蓋棺之期，即難有論定之日。如是則他的人格在別人心裏永難有一個確定的反映與堅明的痕跡。故不死即不成其為人，亦不成其為我。人之種種品題，種種格局，種種德性，全限於死而完成。換言之，只有死人纔始是完人。不死即永遠為不完。故孔子曰：「殺身成仁。」孟子曰：「捨生取義。」人之生命，本為求完成其德性與其任務與使命。則為完成其品德與其理想之任務與使命而死，豈非死得其所。如是則死生一貫，完成死，即是在完成生。完成生，也即是在完成死。

四

惟人不當賴有此一自然的死之大限，而即以此一死限為完成。人當於此一死限未臨之前，而先有其完成。故人當求其隨時可死。即在其未死之前而先已有完成，乃始為眞完人。然而事業無限，若人生以事業為衡量，仍將永無完成之日。若果事業完成，則天地之生機亦息。惟其天地生機不息，故人生事業乃亦永無其完成。然而事業無完，而每一人之職責則可完。事業是大羣共同的，職責是個人各別的。事業無限，不盡在我。職責有限，只求盡其在我，斯即盡了我之職責。盡我職責，便完成了我之人格。完成人格是人生一大事。天限人以一死，人即以完成人格、盡其在我之職責來應付此一限我之死。人類一切事業，必由一切人格之無窮相續完成之。故事業之完成，屬於命運。而職責之完成，則屬於志願。苟我之志願，在完成我之職責，則職責無不能完。鞠躬盡瘁，死而後已，完成職責之最後一步是死，完成人格之最後一步亦為死。時時盡我職責，斯時時可死。職責已盡，而死期未到，則修身以俟命。只有繼續盡職，以待自然死期之到達。萬一職責難盡，則有一可必盡此職責之捷徑，此即以一死盡職責，此為「道義」之死。道義之死，與自然之死，同屬一死，同屬人生職責之大限。人當在道義中生，即可在道義中死。君子之死，即就是死於自然，也還是死於道義。小人生在不道義之中，他不盡職責，忽然死了，那只是一種自然之死，與死一禽獸無異，那決不是道義之死，因此也不得為完人。人必然有一死，如何死在道義中，其惟一方法，即求生在道義中，自然便死在道義中。

孟子曰：「志士不忘在溝壑，勇士不忘喪其元。」此為隨時可死，隨地可死。而此種隨時隨地的可死，則並非自然的死，而是道義的死。自然的隨時隨地可死，是「命」。人道之隨時隨地可死，是「義」。君子把一切外面的命，全化成自我一己之義。小人把一切自我一己之義，全推諉在外面的命上。因此他時時怕死，而依然時時會死。正因為小人之生，永不會完成，所以他時時怕死，而死亦時時來催促他，提醒他。君子時時盡其職責，人生隨時完成，所以不怕死，而死之對他亦無威脅，所以能視死如歸。

人生職責，惟軍人臨戰場，顯見為隨時可死。故戰爭雖決非人生之理想，而軍人道德，卻不失為昭示人生以在隨時可死中來完成其人格的一種標準的示範。其他如忠臣烈士，慨慷赴義，亦即是軍人道德之變相。耶穌釘死在十字架上，亦即此一種精神。耶穌之職責盡了，耶穌之人格於以完成，然耶穌所欲宣揚之博愛犧牲救世之事業，則無限無盡。耶穌雖為此而死，此一事業則並未完，抑且因耶穌之死，而或者此一事業在當時不免受挫損。然此是無可奈何者。人類一切事業，胥當由無窮人格之無窮相續完成之。故每一人格，但求其本身人格之完成，即無異在促進此一事業之完成。耶穌人格已完，斯必有繼起之人格來擔當此事。此相續繼起之人格，即無異為耶穌人格之復活。若此種事業無盡，則此種繼起人格亦必無盡，此即為耶穌之永生。

孔子生前所遇，並不似耶穌。孔子得盡其天年，然孔子之人格完成，則與耶穌並無二致。故孔子之死，雖為自然之死，其實亦是道義之死。釋迦主無我涅槃，但亦安度其自然之死，這亦即其道義之死了。孔子雖曾說殺身成仁，但孔子則未殺身而成仁了。儒家雖說志士不忘在溝壑，但孔子並未餓死溝壑，而所志亦終於完成了。在中國文化大系統裏，宗教並未占有極高無上之地位，而孔子之扶杖逍遙，詠歌而卒，他的一生之最後結束，雖是極理想的，而有時像似不夠鞭策人，提醒人。叫人誤看作孔子之道義之死，恰如一般人之自然之死一般，沒有兩樣。所以在中國民間，文聖外還有武聖。中國人時時以軍人道德之殉難成仁為道義之死之一種榜樣。中國民間之崇敬關岳者其義正在此。然而也並不是惟此始是道義之死。故孟子曰：「知命者不立乎巖牆之下。」「可以死，可以無死，死傷勇。」當知孔子之得終其天年，不僅是大智，而且還得需大勇。

五

由是言之，人固準備着隨時隨地可死，以待此忽然死期之來臨。但同時，人亦該準備着隨時可以不死，以待此忽然死期之還未來臨。其實此兩種準備，在普通尋常人間也懂得，而且也常眞實在如此做。

今試問：生與死的眞實界限，究竟在那裏？而生之有死，究竟又何嘗眞可怕？眞苦痛？從身上起見，將感人死則身滅。若從心上起見，則何有乎一切恐怖。

上述兩大義，正是儒家孔孟所以教人解脫此有我之「身」與有身之「死」之兩大限之種種迷惘牽累之苦痛。若明白得此兩義，將見人生如海濶天空，鳶飛魚躍，活潑潑地，本身當前即是一圓滿具足，即是一無限自由，更何所謂苦痛，而亦何須更向別處去求眞理尋快樂？更何待於期求無我與無生，歸嚮上帝與天國？此是中國聖人孔孟，對人生不求解脫而自解脫之當下人人可以實證親驗之道義所在。

此文草於臺北，正寄香港民主評論發表，而鷲聲堂講演塌屋，我頭部特受重傷，電訊傳港，友好相知，恐我不起，疑詫此文，或者為遭難之預識。賤生幸而復延，而此理照著，常若懸在目前。鷲聲堂奇禍後三年又八日，因此文重擬付排，特再校讀一過，回憶前塵，不勝感慨。一九五五年四月二十四日穆附注。

（一九五二年五月民主評論三卷十一期，人生問題發凡之三）

八　如何安放我們的心

一

如何保養我們的身體，如何安放我們的心，這是人生問題中最基本的兩大問題。前一問題為人獸所共，後一問題乃人類所獨。

禽獸也有心，但他們是心為形役，身是唯一之主，心則略如耳目四肢一般官能，只像是一工具、一作用。為要保養身，纔運使到心。身的保養暫時無問題，心即暫時停止其運用。總之，在動物界，只有第一問題，即如何保養身，更無第二問題，即如何安放心。心只安放在身裏，遇到身有問題，心纔見作用。心為身有，亦為身役，更無屬於心本身之活動與工作，因此也沒有心自己獨立而自生的問題。

但動物進化到人類便不同了。人類更能運使心，把心的工作特別加重。心的歷練多了，心的功能也進步了。心經過長時期的歷練，心的貢獻，遂遠異於耳目四肢其他身上的一切官能，而漸漸成為主宰一切官能，指揮一切官能的一種特殊官能了。人類因能運使心，對於如何保養身這一問題之解答，也獲得重大的進步。人類對於如何保養身這一問題，漸漸感得輕鬆了，並不如禽獸時期那樣地壓迫。於是心的責任，有時感到解放，心的作用，有時感到閒散，這纔發生了新問題，即心自己獨立而自生的問題。

讓我作一淺譬。心本是身的一幹僕。因於身時時要使喚它、調遣它，它因於時時活動，而逐漸地增加其靈敏。恰像有時主人派它事，它不免要在任務完成之餘，自己找尋些快樂。主人派它出外勾當，它把主人囑咐事辦妥，卻自己在外閒逛一番。後來成了習慣，主人沒事不派它出去，它仍是想出去，於是偷偷地出去了，閒逛一番再回來。再後來，它便把主人需辦事輕快辦妥，獨自一人專心在外逛。因此身生活之外，另有所謂心生活。

人類經過了原人時代，逐漸進步到有農業、有工商業、有社會、有政治，如何保養身，這一問題，好算是十分之九解決了。人類到那時，不會再天天怕餓死，更不會時時怕殺死，它的僕人「心」，已替它的主人「身」把所要它做的事，做得大體妥貼了。主人可以不再時時使喚僕人，那僕人卻整天離開主人，自己去呼朋喚友，自尋快樂。我們說：這時的人類，已發現了他們的心生活，或說是精神生活，或說人類已有了文化。其實就一般動物立場看，那是反客為主，婢作夫人。於是如何安放心的新問題，反而更重要於如何保養身的舊問題。

這事並不難了解，只要我們各自反身自問，各自冷靜看別人，我們一天裏，時時操心着的，究竟為什麼？怕下一餐沒有喫，快會餓死嗎？怕在身之四圍，不時有敵人忽然來把你殺死嗎？不！絕對不！人類自有了文化生活，自有了政治社會組織，自有了農工商技術生活逐漸不斷發明以後，它早已逃離了這些危險與顧慮。我們此刻所遭遇的問題，亟待解決的問題，十之九早不是關於身生活的問題，而是關於心生活的問題了。

我們試再放眼看整個世界人類的大糾紛，一如當前民主政權與共產政權兩大陣容之對立與鬥爭，使當前人類面臨莫大恐怖，說不定整個人類文化將會為此對立與鬥爭而趨向於消滅。但這究為什麼呢？是不是各為着要保養自己個別的身，餓死威脅我，要我立刻去殺死敵人來獲此身體之安全與保養呢？不，完全不是這回事。此刻世界人類一切生產技術和其政治社會之各種組織經驗，早可沒有這一種威脅了。此刻世界人類所遭遇的問題，完全是心對心的問題，不復是身對身或身對物的問題了。顯言之，這是一思想問題，一理論或信仰問題，一感情愛好問題，這是一人類文化問題，主要是「心」的問題，不是身與物的問題了。若說是生活問題，那也是心生活的問題，不是身生活的問題了。若專一為解決身生活，決不會演變出如此般的局面來。因此人類當前的問題，主要在於如何「安放」我們的心，把我們的心安放在那裏？如何使我們的心得放穩、得安住？這一問題，是解決當前一切問題之樞紐。

這一問題，成為人類獨有的問題。這是人類的文化問題。遠從有文字記載的歷史以來，遠從有初步的農工商分業，以及社會組織與政治設施以來，這一問題即開始了，而且逐步的走向其重要的地位。

二

心總愛離開身向外跑，總愛偷閒隨便逛，一逛就逛進了所謂神之國。在人類文化歷史的演進中，宗教是早有端倪，而且早有基礎了。肉體是指的身，靈魂是指的心。心想擺脫身之束縛，逃避為身生活之奴役，自尋它本身心的生活，神的天國是它想望的樂土。任何宗教，都想死後靈魂進天堂。不說有靈魂的佛教，則主張無生，憧憬涅槃。總之，都在厭棄身生活，鄙薄身生活，認身生活為塵俗、污穢、罪惡。心老想脫離身，而宣告它自己的自由與獨立。但遠從禽獸起，心本附麗於身而始有。若使眞脫離了身，心又從何處見？心又當向何處覓？它因供身役使太久了，它此刻已有了自覺，它總不甘長為婢僕，它總想自作主人。它憑着自己的才能與智慧，它不斷地怠工曠職。只要是深信宗教的人，他總會不太注意自己的身生活，甚至虐待身、毀傷身，好讓身生活早告結束，來盼望自由的心生活早告開始。結果纔有人類文化史上像西洋歷史中所謂黑暗時期之出現。

心離開身，向外閒逛，一逛又逛進了所謂物之邦。科學的萌芽，也就遠從人類文化歷史之早期便有了。本來要求身生活之安全與豐足，時時要役使心，向物打交道。但心與物的交涉經歷了相當久，心便也闖進了物的神祕之內圈，發現了物的種種變態與內情。心的智慧，在這裏，又遇見了它自己所喜悅，獲得了它自己之滿足。它不顧身生活，一意向前跑，跑進物世界，結果對於身生活，也會無益而有害。

「五色令人目盲，五音令人耳聾，五味令人口爽」，像老子那一類古老的陳言，此刻我們不用再說了。但試問科學發明，日新而月異，層出而無窮，何嘗是都為着身生活？大規模的出產狂，無限止的企業狂，專翻新花樣的發明狂，其實是心生活在自找出路，自謀怡悅。若論對於身生活，有些處已是錦上添花，有些處則是畫蛇添足，而有些處竟是自找苦惱。至於像原子彈與氫氣彈，那些集體殺人的利器之新發明，究竟該咒詈，還是該讚頌，我們姑且留待下一代人類來評判。此刻我們所要指述者，乃是人類自有其文化歷史以後的生活，顯然和一般動物不同，身生活之外，又有了心生活，而心生活之重要，逐步在超越過身生活。而今天的我們，顯然已不在如何保養我們身的問題上，而已轉移到如何安放我們的心的問題上，這是本文一個主要的論題。

三

無論如何，我們的心，總該有個安放處。相傳達摩祖師東來，中國僧人慧可親在達摩前，自斷一手臂，哀求達摩教他如何安他自己的心。慧可這一問，卻問到了人類自有文化歷史以來眞問題之眞核心。至少這一問題，是直到近代人人所有的問題，是人人日常所必然遇見，而且各已深切感到的問題。達摩說：「你試拿心來，我當為你安。」慧可突然感到拿不到這心，於是對自己那問題，不免爽然若失了。其實達摩的解答，有一些詭譎。心雖拿不到，我心之感有不安是眞的。禪宗的祖師們，並不曾眞實解決了人類這問題。禪宗的祖師們，教人試覓心。以心覓心，正如騎驢尋驢。心便在這裏，此刻叫你把此心去再覓心，於是證實了他們無心的主張，那是一種欺人的把戲。所以禪宗雖曾盛行了一時，人類還是在要求如何安放心。

宋代的道學先生們，又教我們心要放在腔子裏，那是不錯的。但心的腔子是什麼呢？我想該就是我們的身。心總想離開身，往外跑。跑出腔子，飄飄蕩蕩，會沒有個安放處。何止是沒有安放？沒有了身，必然會沒有心。但人類的心，早已不願常為僕役，早已不願僅供身生活作驅遣。而且身生活其實也是易滿足、易安排。人類的心，早已為身生活安排下了一種過得去的生活了。身生活已得滿足，也不再要驅遣心。心閒着無事，那能禁止它不向外跑。人類為要安排身生活，早已常常驅遣它向外跑，此刻它已向外跑慣了。身常驅遣心，要它向外跑，跑慣了，再也關不住。然則如何又教人心要放在腔子裏？

這番道理說來卻話長。人類心不比禽獸心，它已不願為形役，它要自作主，這是人類之所異於禽獸處，這是人類文化之所貴。這一層，誰也不反對。但我們該知道，心寄於身而始有，心縱不願為形役，但「心」與「身」之間，該如鶼鶼鰈鰈，該如連理木，如同命鳥。它們生則同生，死則同死。

有則同有，滅則同滅。心至少應該時時親近身、照顧身。心必先常放在腔子裏，纔能跑出腔子外。若遊離了腔子，它不僅將如遊子之無歸，而且會煙消雲散，自失其存在。

然而不幸人類之心，又時時眞會想遊離其腔子。宗教便是其一例。科學也是其一例。宗教可以發洩心的情感，科學可以展開心的理智，要叫心不向這兩面跑，正如一個孩子已走出了大門，已見過了世界，他心裏眞生歡喜，你要把他再關進大門，使如牢囚般坐定在家中，那非使他發狂，使他抑鬱而病而死，那又何苦呢？但那孩子跑遍了世界，還該記得有個家，有個他的歸宿安頓處。否則又將會如幽魂般，到處飄蕩，無着無落，無親無靠，依然會發狂，依然會抑鬱而病而死的。中世紀的西方，心跑向天國太遠了，太脫離了自己的家，在他們的歷史上，纔有一段所謂黑暗時期的出現。此刻若一向跑進物之邦，跑進物世界，跑得太深太遠，再不回頭顧到它自己的家，人類歷史，又會引致它到達一個科學文明的新黑暗時期。這景象快在眼前了，稍有遠眼光的人，也會看見那一個黑影已隱約在面前。這是我們當身事，還待細說嗎？

四

讓我再概括地一總述。人心不能儘向神，儘向神，不是一好安放。人心不能儘向物，儘向物，也不是個好安放。人心又不能老封閉在身，專制它，使它只為身生活作工具、作奴役，這將使人類重回到禽獸。如是則我們究將把我們的心如何地安放呢？慧可的問題，我們仍還要提起。

上面說過，人類遠在有農工商業初步的分化，遠在社會和政治有初步的組織成績時，這問題即開始了。在世界人類的文化歷史上，希臘、印度、猶太與中國，或先或後，在那一段時期內，都曾有過卓絕古今的大哲人出現。他們正都是處在身生活問題粗告一段落，心生活問題開始代興的時期，遂各有他們中間應運而起，來解答此新問題的大導師。有的引導心向神，有的引導心向物，人心既是奔馳向外，領導人也只有在外面替心找歸宿。只有中國孔子，他不領導心向神，也不領導心向物，他牖啟了人心一新趨向。孔子的教訓，在中國人聽來，似是老生常談，平淡無奇了。但就世界人類文化歷史看，孔子所牖啟人心的，卻實在是一個新趨嚮。他牖啟心走向心，教人心安放在人心裏。他教各個人的心，走向別人的心裏找安頓、找歸宿。父的心，走向子的心裏成為「慈」；子的心，走向父的心裏成為「孝」。朋友的心，走向朋友的心裏成為「忠」與「恕」。心走向心，便是孔子之所謂「仁」。心走向神、走向物，總感得是羈旅他鄉。心走向心，纔始感到是它自己的同類，是它自己的相知，因此是它自己的樂土。而且心走向心，又使心始終在它腔子內，始終不離開它的寄寓之所身。父的心走向子的心，他將不僅關切自己的身，並會關切到子之身。子的心走向父的心，他將不僅關切自己的身，並也會關切到父之身。如是則「身心」還是「和合」，還是相親近、相照顧。並不要擺棄身生活來蘄求心生活之自由與獨立，心生活只在身生活中覓得它自由與獨立之新園地。這是孔子教訓之獨特處，也是中國文化之獨特處。

要你捉着自己的心來看，那是騎驢覓驢，慧可給達摩一句話楞住了。但用你的心來透視人的心，卻親切易知，簡明易能。父母很容易知道兒女的心，兒女也很容易知道父母的心，心和心，同樣差不多，這所謂易地則皆然。心走向神、走向物，正如魯濱遜飄流荒島，孤零零一個心，跑進了異域，總不得好安放。心走向心，跑得愈深愈遠，會愈見親切，愈感多情的。因它之所遇見，不是別的，而還是它同類，還是它自己，還是這一心。心遇見了心，將會仍感是它自己，不像自己浪跡在他鄉，卻像自己到處安頓在家園。於是一人之心，化成了一家心。一家之心，化成了一國心。一國之心，化成了天下心。天下人心，便化成了世界心與宇宙心。心量愈擴愈大，它不僅感到己心即他心，而且會感到我心即宇宙。到此時，心遇見了神。而它將會感覺到，神還是它自己。

本來心寄寓在身，我心寄寓在我身。現在是心向外跑，遊離了自己的身，跑進到別人心中去。別人的心，也寄寓在別人的身。於是遂感到，我的心也會寄寓到別人身裏了。慈父的心，會寄寓在他兒子的身裏。孝子的心，會寄寓在他父母的身裏。於是我的心可以寄寓在一家，寄寓在一國，寄寓在天下，寄寓在世界與宇宙中。我的心與家，可和合而為一，與國與天下，也可和合而為一。與世界宇宙，也可和合而為一。如是，心即是神，而且心即是物。因為，世界宇宙和萬物離不開，心和世界宇宙和合為一，也便和萬物和合為一了。在這裏，心遇見了物，而它將感到，物還是它自己。

五

心與神、與物，和合為一了，那是心之大解放，那是心之大安頓。其樞紐在把自己的心量擴大，把心之情感與理智同時地擴大。如何把心之情感與理智同時地擴大呢？主要在心走向心，先把自己的心走向別人心裏去。自己心走向他人心，他將會感到他人心還如自己心，他人心還是在自己的心裏。慈父會感到兒子心還在他心裏，孝子會感到父母心也在他心裏。因此纔感到死人的心也還仍在活人的心裏。如是則歷史心、文化心，還只是自己現前當下的心。自己現前當下的心，也還是歷史心與文化心。如是之謂「人心不死」。

我的心，不僅會跑進古人已死的心裏去，而且會跑進後代未生的人的心裏去。過去心、現在心、未來心，總還是人心，總還是文化心與歷史心。這一歷史心文化心，即眼前的人心，卻超然於身與萬物而獨立自由地存在了。但此超然於身與萬物而獨立自由存在的心，還只是人心，還只是我此刻寄寓於此身內之心。因此物則猶是物，身則猶是身，而心亦猶是心。心永遠在身裏，即永遠在它自己的腔子裏。同時也還永遠在物裏。如是則宇宙萬物全變成心的腔子，心將無所往而不自得，心將無所往而不得其安放，此之謂心安而理得，此之謂「至神」。

這只有人類文化發展到某一境界始有此證會。而這一境界，則由孔子之教牖啟了它的遠景，指導了到達它的方向與門路。禽獸的心，永遠封閉在它的軀殼裏，心不能脫離身，於是心常為形之役，形常為心之牢，那是動物境界。人依然還是一動物，人的心依然離不了身，而身已不是心之牢獄了。因為人之心可以走向別人的心裏去，它可寄寓在別人心裏，它會變成了另一軀殼內之心，它可以遊行自在，到處為家。但它決不是一浪子，也不是一羈客。它富有大業，它已和宇宙和合為一了。宇宙已成為我心之腔子，我心即可安放宇宙之任一處，只有人類的心，在其文化歷史的演進中，經歷相當時期，纔能到達此境界，惟中國人則能認為宇宙即我心，我心即宇宙。

但這決不是由我一人之心在創造了宇宙，也決不是說我心為宇宙之主宰。這是說，在人文境界裏，人心和宇宙和合融凝為一了。即是說，人心在宇宙中，可覓得了它恰好的安頓處所了。這先要把我此心跑進了別人心裏而發現了人心。所謂人心者，乃人同此心之心。因此到達此境界，我心即人心。人心在那裏見？即由我心見，即由我心之走向別人之心見，即由歷史文化心而見。必由此歷史心文化心，乃始得與宇宙融凝合一。此一宇宙，則仍是人文世界所有的宇宙，仍是人心中所有的宇宙。若心遊離了身、遊離了人，偏情感的，將只見有神世界；偏理智的，將只見有物世界。心偏走向神世界與物世界，將會昧失了人世界。昧失了人世界，結果將會昧失了此心。此心昧失了，一切神、一切物，也都不見了。於是成為唯神的黑暗與唯物的黑暗。光明只在人心上，必使人心不脫離人之身，纔始有此人文世界中光明宇宙之發現。

這也決不是西方哲學所主張的唯心論。西方唯心哲學，先把心脫離了身，同時便脫離了人。心脫離了人之身，不為神，便為物。這樣的心所照見之宇宙，非神之國，即物之邦，決不是一個人文世界的宇宙，而將是一個神祕的宇宙，或是自然的宇宙。這是一個宗教信仰的宇宙，或是一個科學理智的宇宙，而決不是人心所能安頓存放的宇宙。在這樣宇宙中所見的人之身，也只如一件物，而已非人心之安頓處。心不能安放在身裏，也將不能安放在宇宙裏。這無論是神祕的宇宙，或是自然的宇宙。人心所能安頓存放的宇宙，決然只是一個人文的宇宙，即是人心與宇宙融凝和合為一之宇宙。這一宇宙中，可以有對神祕的信仰，也可以有對自然的理智，但仍皆在人文宇宙中，而以人文為中心。人文的宇宙，必須人心與宇宙和合為一。換言之，即宇宙而人文化了。而其最先條件，則是心與心和合為一，是心與身和合為一。纔始能漸進而到達此境界。

把身作心之牢獄，把心作身之僕役的，是禽獸。把心分離了身來照察宇宙的，在此宇宙中，將只見神，或則只見物。宗教沒有替人類身中之心安頓一場所，科學也沒有為人類身中之心安頓一地位。宗教宇宙是唯神的，科學宇宙是唯物的。唯心哲學裏的宇宙，仍只會照察到有神與物，沒有照察到有心，因其把離開了身的心來照察的，便再也照察不到心。達摩早已指出此奧妙。只有心走向心，把自己的心來照察別人之心，把心仍放在身之內，所以有己心和他心。己心和他心之和合為一，纔是人之心。人之心之所照察，纔是一人文世界中之宇宙，而此宇宙也會和人心融凝和合為一。此人之心則不復以身為牢獄，不復為身之奴役。但此心則仍不離開此身而始有，仍必寄寓於此身而始有。人仍是一動物，但人究竟已不是一動物了。人生活在人文世界之宇宙中，心也在此人文世界之宇宙中而始有其好安頓。

此一宇宙，是大道運行之宇宙。此一世界，亦是一大道運行之世界。此一心，則稱之曰「道心」，但實仍是「仁心」。孔子教人把心安放在「道」之內，安放在「仁」之內。又說：「忠恕違道不遠，孝弟也者，其為仁之本歟。」孔子教人，把心安放在「忠恕」與「孝弟」之道之內。孔子說：「擇不處仁焉得知？」孟子說：「仁，人之安宅也。」這不是道心即仁心嗎？慧可不明此旨，故要向達摩求安心。宋儒懂得此中奧妙，所以說心要放在腔子裏。西方文化偏宗教偏科學而此心終不得其所安。所以我在此要特地再提出孔子的教訓來，想為人心指點一安頓處，想為世界人類文化再牖啟一新遠景與新途向。

（一九五二年十一月民主評論三卷二十三期，人生問題發凡之四）

九　如何獲得我們的自由

一

西方人有一句名言說：「不自由，毋寧死。」這是說自由比生命還重要。但什麼是自由呢？就中國字義解釋，由我作主的是自由，不由我作主的便是不自由。試問若事事不由我作主，那樣的人生，還有什麼意義價值可言？但若事事要由我作主，那樣的人生，在外面形勢上，實也不許可。在外面形勢上不許可的事，而我們偏要如此做，那會使人生陷入罪惡。所以西方人又說：「自由自由，許多罪惡，將假汝之名以行。」可知人生不獲自由是苦痛，而儘要自由，又成為罪惡，則仍是一苦痛。然則那樣的自由，纔是我們所該要求的，而又是我們所能獲得的呢？換言之，人生自由之內容是什麼，人生自由之分際在那裏呢？我們該如何來獲得我們應有的自由呢？

由我作主纔算是自由，但我又究竟是什麼呢？這一問題卻轉入到人生問題之深處。美國心理學家詹姆士，曾把人之所自認為我者，分析為三類。

第一類：詹姆士稱之為「肉體我」，此一我，盡人皆知。即此自頂至踵，六尺之軀，血肉之體之所謂我。人若沒有了此六尺之軀，血肉之體，試問更於何處去覓我？但此我，卻是頗不自由的。此我之一切，均屬物理學、生物學、生理學、病理學即醫學所研究的範圍。生老病死，一切不由我作主。生，並不是我要生，乃是生了纔有我。死，也不由我作主，死了便沒有我。很少有人自作主要死。老與病，則是自生到死必由之過程。人都不想經由此過程，但物理生理規定着要人去經由此過程。其他一切，亦大體不由我作主。如飢了便想吃，飽了便厭吃，乃至視聽感覺，歸入心理學範圍內者，其實仍受物理、生理、醫理的律令所支配。換言之，支配它的在外面，並不由他自作主。

佛家教義開始指點人，便着眼此一我。凡所謂生、老、病、死，視聽感覺，其實何嘗眞有一我在那裏作主。既沒有作主的，便是沒有我。所以說這我，只是一臭皮囊，只是地、水、風、火，四大皆空，那裏有我在？因此佛家常說「無我」。既是連我且無，所以人生一切，全成為虛幻而不實。

第二類：詹姆士稱之為「社會我」。人生便加進了社會，便和社會發生種種的關係。如他是我父，她是我母，我是他和她之子或女。這一種關係，都不由我作主。人誰能先選定了他自己的父與母，再決定了他自己之為男或女，而始投胎降生呢？那是我的家，那是我的鄉，那是我的國，那是我的時代，這種種關係重大，決定我畢生命運。但試問，對我這般深切而重大的關係，又何嘗經我自己選擇，自己決定，自己作主呢？因此那一我，也可說是頗不自由的。

第三類：詹姆士稱之為「精神我」。所謂精神我者，這即是心理上的我。我雖有此肉體，我雖投進社會，和其他人發生種種關係，但仍必由我內心自覺有一我，纔始算得有我之存在。這在我內心所自覺其有之我，即詹姆士之所謂精神我。此我若論自由，該算得最自由了。因我自覺其有我，此乃純出於我心之自覺，決不是有誰在我心作主。若不是我心有此一自覺，誰也不會覺到在我心中有如此這般的一個我。

這一我，既不是肉體的我，又不是由社會關係中所見之羣我，這是在此肉體我與夫由社會關係中所見之羣我之外之一我。而此我，則只在我心上覺其有。而此所有，又在我心上眞實覺其為一我。而這一種覺，則又是我心自由自在地有此覺。非由我之肉體，亦非由於外在之種種社會關係，而使我有此覺。此覺則純然由於我心，因此可以稱之為心我。是即詹姆士之所謂精神我。嚴格言之，有身體，未必即算有一我。如動物個個有體，但不能說動物個個有我。故必待有了社會我與精神我，始算眞有我。但此二我相比，社會我是客我，是假我，精神我纔始是主我，是眞我。既是只有精神我得稱為眞我，因此也惟有精神我得可有自由。

讓我舉一些顯淺之例來證明此我之存在。我餓了，我想吃。此想由身我起，不由心我起。若由心我作主，最好能永不餓，永不需想吃。若果如此，人生豈不省卻許多麻煩，獲得許多自由？神仙故事之流傳，即由心我此等想望而產生。又如我飽了，不能吃，此亦屬身我事。若我身不名一文，漫步街市，縱使酒館飯肆，珍錯羅列，我也不能進去吃，此乃社會我之限於種種關係之約束而不許吃。但有時則是我自己不要吃，不肯吃。此不要不肯，則全由我心作主，惟此乃是我自由。

此等例，各人皆可反躬一思而自得。茲姑舉古人為例。元儒許衡，與眾息道旁李樹下，眾人競摘李充腹，獨衡不摘。或問衡：「此李無主，汝為何獨不摘？」衡答：「李無主，我心獨無主乎？」在眾人，只見李可吃，李又無主。此種打算，全係身我羣我事。獨許衡曾有一「心我」。

我們若把此故事，再進一步深思，便見在許衡心中，覺得東西非我所有，我便不該吃。但為何非我所有我便不該吃，此則仍是社會禮法約束。因此許衡當時內心所覺，雖說是心我，而其實此心我，則仍然是社會我之變相，或影子，或可說由社會我脫化來。孔子稱讚顏淵說：「賢哉回也，一簞食，一瓢飲，在陋巷，人不堪其憂，回也不改其樂。」此一番顏淵心中之樂，則純由顏淵內心所自發。此出顏淵之眞心，亦是顏淵之眞樂，如此始見眞心我。若顏淵心中想，我能如此，可以博人稱賞，因而生樂，則顏淵心上仍是一社會我，非是眞心我。心不眞，樂亦不眞，因其主在外，不主在內故。此一辨則所辨甚微，然追求人生最高自由，則不得不透悟到此一辨。

二

以上根據詹姆士「三我」說，來指述我之自由，應向心我即精神之我求，不該向身我與社會我那邊求。歐洲教育家裴斯泰洛齊曾分人生為「三情狀」。其說可與詹姆士之「三我」分類之說相發明。茲再引述如下。

裴斯泰洛齊認為人類生活之發展歷程，得經過三種不同的情狀。首先是生存在「自然情狀」，或說是「動物情狀」中。此如人餓了要吃，冷了要穿，疲倦了要休息，生活不正常了要病，老了要死。此諸情狀，乃由自然律則所規定，人與其他動物，同樣得接受服從此種自然之律則。在此情狀中，人生與禽生獸生實無大區別。在此情狀中生活之我，即是詹姆士之所謂肉身我。

裴斯泰洛齊認為人生由第一情狀進一步，轉到第二情狀，則為「社會情狀」，又稱「政治情狀」。那時的人，也便成為社會動物，或政治動物了。在此一情狀下生活之我，則是詹姆士之所謂社會我。

自從人有了社會政治生活之後，人的生活卻變得複雜了。吃有種種的吃法，穿有種種的穿法，甚至於死，也有種種的死法，較之在自然情況下生活的人，大為不同了。而此種種法，則全從社會外面，政治上層，來規定來管制，而且還有它長遠的來源，這是一種歷史積業。生活其中的人，誰也不得有自由。於是人在自然生活的不自由之外，又另增了在政治社會生活中的不自由。

中國老莊道家，是極端重視人生之自由的。他們因於見到人在政治社會生活中種種不自由，乃想解散社會，破棄政治，回復人類未有政治和社會以前之原始生活。他們屢屢神往於人在自然情狀下生活之可愛。但人在自然情狀下生活，豈不更有許多不自由？因此他們又幻想出一套神仙生活來，在自然情況下生活的人，莊周稱之為眞人。在神仙境界中生活的人，莊周稱之為神人。然而不為神人，亦難得為眞人。因此無論神人與眞人，則僅是些理想人，實際人又何嘗能如此？

初期基督教，理想生活寄託在靈魂與天堂，關於人類在社會情況與政治情況下的一切生活，耶穌只說，凱撒的事由凱撒管，他暫時採取了一種不理不睬的態度。但那一種政治社會生活之不能滿足耶穌內心之自由要求，則早在他這話中透露了。至於佛教，他們厭棄一般社會情況下的生活，是更顯然的。所以他們要教人出家，先教人擺脫開家庭，繼此纔可擺脫社會和政治種種的束縛。

再說到近代西方為爭取人權自由而掀起革命，這當然因於他們深感到當時政治社會種種現存情況之阻礙了自由。但他們之所爭，實則只爭取了人類自由之某種環境與機會，並不曾爭得了人類自由之本質與內容。因自由只能由人自我自發，如所謂言論自由，與思想自由，豈不所爭只是要政治和社會給與大家以言論與思想的自由之環境與機會。至於言論些什麼，思想些什麼，則決不是可以向外爭求而得，也決不能從社會外面給與。若使社會從外面給與我以一番言論與思想，此即是我言論與思想之不自由。可見言論思想自由，實際該向內向自己覓取，不能向外向社會爭求。言論思想之自由如此，凡屬人生行為之一切自由，實則無不皆然。若我們不明白這一層，則社會縱使給與我以種種自由，而我仍可無自由。故社會立法，至多可使我們不不自由，而不會使我們眞有了自由。

現在我們依次說到裴斯泰洛齊所說的人類生活之第三級，即最高一級的生活情狀，他稱之為「道德情狀」。他曾說：在我本身，具備一種內在力量，這並非是我的動物性慾望，而且獨立於我的一切社會關係之外。這一種力量，生出於我之本質中，獨立存在，而形成了我之尊嚴。這一種力量，並不由其他力量產生，此乃人類之德性。他又說：道德只是每一人所自身具有之內在本質，道德並非來自社會關係。他又說：在道德力量之影響下，人不再感覺有一我，作為生活之中心，他所感覺者，則只是一種德性。在裴斯泰洛齊所認為不再有一我，而只是一種德性者，此種「德性」，實則猶如詹姆士之所謂「精神我」。而他所謂不再有一我作為生活中心者，此一我，則猶如詹姆士所謂之身我與社會我。

三

上述裴斯泰洛齊這番話，頗可與中國儒家思想相發明。孟子說：「由仁義行，非行仁義。」行仁義不足算道德。因在社會關係中，規定有仁與義，我依隨社會之所規定而行仁義，則此種行為實出於社會關係，而並非出於我。只有由我「自性行」，因我自性中本具有仁義，故我由自性行，即成為「由仁義行」。此乃我行為之最高自由，此乃我內在自有之一種德性，因於我之有此德性而發展出此行為，此行為纔是我自由的行為。即由我自主自發的行為。而非社會在指派我，規定我，亦非我在遵守服從社會之所規定而始有此行為。

再試舉一人所共知的歷史淺例作說明。當南宋朝廷君和相均決定了對金議和，連下十二道金牌，召回正在前線作戰的岳飛的軍隊。岳飛是一位宋朝派出的將帥，依照當時社會關係，政治關係，岳飛自該退兵，不該違抗政府的意旨和命令。故在社會關係中，岳飛無自由。即在近代，還不是說軍人無自由嗎？但岳飛所以招致殺身之禍者，則在其堅持反和主戰的態度上。岳飛此一態度之堅持，則發於其內心，決不能說是發於岳飛之身我。苟為其身安全計，則不該反和議。亦不能說是發於岳飛當時之種種社會關係上，果遵照當時社會關係，則君相已決策議和，岳飛僅是一朝廷所派的將帥，不該反抗，因此岳飛之反和議，確然發於其內心之精忠與耿直。為其忠於國家民族前途，為其耿直不掩飾，不屈服，而確然表現出了他個人的人格與德性。此乃岳飛內心精神上一種最高之自由。岳飛之在風波亭，正如耶穌之上十字架。我們儘可不信耶穌教，儘可不信耶穌心中所想像的上帝，也可在某種見地上，贊成秦檜主和，而懷疑岳飛之主戰，但耶穌岳飛，同樣表現出了一種人類在自然生活與社會生活之上之有其更高一級的精神生活與道德生活之絕對自由之存在。若我們誠心追求自由，則不得不嚮往於耶穌之上十字架與夫岳飛之在風波亭受刑之這一種內心精神之絕對自由，不受身我與社會我之一切束縛之表現。

照裴斯泰洛齊的話，人類生活，先由自然情狀演進到社會情狀，再由社會情狀演進到道德情狀，有此遞演遞進之三級。但人類生活，並不能過橋拔橋，到了第二級，便不要第一級。人類生活則只有因於進入了社會情狀中，而從前的那種自然生活的種種情狀亦受其規範而追隨前進，遂有所改變。又因於進入了道德情狀中，而從前的那種社會生活之種種情狀，亦受其規範有追隨前進，遂有所改變。

而惟人類的自由，則必然須在第三級道德情狀與精神我方面覓取之。人類因於有了此種精神我之自覺與發現，因於有了此種道德情狀的生活之逐步表現出，而不自由的身我與社會我，也得包涵孕育在自由心我之下，而移步換形，不斷地追隨前進，不斷地變了質。因此，人類之追求自由，則只有逐步向前那一條大路，由肉身我自然情狀的生活進一步到達於社會我社會情狀的生活，而更進一步，到達於精神我道德情狀的生活，纔始獲得了我之人格的內在德性的眞實最高的自由。我們卻不該老封閉在社會關係中討自由，我們更不該從社會關係中想抽身退出，回到自然情狀中去討自由。更不該連自然情狀與這肉身之我也想拋棄，而幻想抽身到神仙境界與天堂樂園中去討自由。

四

以上所說，或許是人人走向自由的一條正確大道。而中國儒家思想，則正是標懸出這一條大道來領導人的發蹤指示者。這一條大道，再簡括言之，則是由自然情況中來建立社會關係，再由社會關係中來發揚道德精神。而人類此種道德精神，則必然由於人類心性之自由生長而光大之。

因於此一大道之指點，人不該藐視由自然所給與的身我，因此儒家說「明哲保身」，又說「安身立命」。命則是自然所與而絕不自由者，但人能立命，則把不自由的自然所與轉成為自我的絕對自由，而此一轉變，則正需建立在自然所與上，因此儒家講「安身」，又講「知命」，再循次而達於「立命」。

若要安身保身，則必然須由自然我投進社會我。惟種種社會關係之建立，則應建立在人類之自心自性上，即須建立在人生最高情狀之道德精神上。不能專為着保身安身而蔑棄了心性自由之發揚。當由人類心性之自由發揚中來認取道德精神，不該僅由保身安身起見而建立出社會關係，而遽認為服從那樣的社會關係即算是人類之道德，或說是人類之不自由。因此儒家心目中之道德，乃確然超出於種種社會關係之上者，而又非必然脫出於自然所與之外者。若在自然所與之外來覓取道德，則必然會於肉體之外來另求一靈魂，必然會於塵世之外來另求一天堂，或說無我涅槃。而儒家思想則不然，因此儒家不成為一宗教。

又因此而儒家心目中之道德精神，必然會由人類之實踐此項道德精神而表現出為社會種種關係之最後決定者。如是則修身、齊家、治國、平天下，凡屬種種社會關係，皆將使之道德化、精神化，即最高的自由理想化。而社會關係決然只能站在人類生活之第二級，必然須服從於人類生活之最高第一級之指示與支配。如是則凱撒的事，不該放任凱撒管，而大道之行，決不在於出家與避世。

正因為儒家思想，一着眼即直瞥見了「心我」，即直接嚮往到此人類最高的自由，因此儒家往往有時不很注重到人類生活之外圍，而直指本心，單刀直入，逕自注重到人之精神我與道德我之最高自由上。當知人類儘向自然科學發展，儘把自然所與的物質條件盡量改進，而人類生活仍可未能獲得此一最高之自由。又若人類儘向社會科學發展，儘把社會種種關係盡量改進，而人類生活仍可未能獲得此一最高之自由。而若人類能一眼直瞥見了此心我，一下直接接觸到了此精神我，一下悟到我心我性之最高自由的道德，人類可以當下現前，無入而不自得，即是在種種現實情況下而無條件地獲得了他所需的最高自由了。於是在儒家思想的指示下，既不能發展出宗教信仰，而同時又不能發展出科學與法律兩方的精密探檢，與精密安排了。

然則在中國儒家思想所用術語中，雖不見有近代西方思想史所特別重視的「自由」一名詞，其實則儒家種種心性論道德論，正與近代西方思想之重視自由，尋求自由的精神，可說一致而百慮，異途而同歸。

五

無論如何，人類要尋求自由，必該在「人性」之自覺與夫「人心」之自決上覓取。無論如何，人類若要尊重自我、自由、人權、人生，則必然該尊重人類的自心自性，而接受認許儒家所主張的「性善論」。一切人類道德只是一個善，一切的善則只是人類的一個性。必得認許了此一理論，人類纔許有追求自由的權利。必得認許了此一理論，人類纔可獲得自由的道路。否則若專在宗教信仰上，在科學探討上，在法律爭持上來尋求自由，爭取自由，則永遠將落於第二義。

此乃中國儒家精神之最可寶貴處。而由唯物史觀、歷史必然論，所發展出來的極權政治，則只知人有第一我身我，第二我社會我，而不知人有第三我精神我。只許人生活在第一情狀即自然情狀，與第二情狀即政治情狀社會情狀中，而不許人生活在第三情狀即道德情狀中。在此環境中之更不能有絲毫自由可言，即是無絲毫人性可言，亦就不煩再說了。

（一九五五年一月香港人生雜誌九卷四期，人生問題發凡之五）

一〇　道與命

孔子的人生論要旨，備見於論語所講之「仁」與「知」。孔子的形上學，則備見於論語所講之「道」與「命」。

道，亦稱為天道。命，亦稱為天命。所以必稱為「天道」與「天命」者，正見其已深入於一種形上的境界。

道本指道路言，故莊子曰：「道行之而成。」韓昌黎亦曰：「由是而之焉之謂道。」但孔子所指之道，既不限於某一時，亦不限於某一人或某一羣人。孔子所意想中之道，乃一種超越於時代與人羣，普泛於時時與世世。換言之，孔子所意想中之道，乃包舉古往今來全人類歷史長程所當通行之大道。既是包舉全人類，亦即是一大自然。故此所謂道，雖曰「人道」，同時亦即是大自然之道，因此亦可謂之為「天道」。

然此道，既超越於時時與人人，既包舉了古往今來各時代之全人羣，則試問此道，何以能入於某一時代某一人之心中，而獨為所發現？此在西方哲學家，亦僅自稱為愛智者，彼輩亦僅求如何獲得此發現，而未嘗眞信彼輩自己之確已獲得此發現，眞信彼輩自己之確已具知了此道。具此眞信者，則惟人類中之大教主，故釋迦宣揚此道，自稱上天下地，惟我獨尊。耶穌宣揚此道，則認為彼乃上帝之獨生子。孔子雖不自居為一大教主，然亦深信其自己之明具了此道。故其宣揚此道，雖不同於釋迦與耶穌，然孔子亦必曰：「天生德於予。」於是遂由道而牽連及於「命」。因孔子亦深信其所悟之道之大，則決非可以出於其本身之力而獲有此悟。

子畏於匡，曰：「文王既沒，文不在茲乎？天之將喪斯文也，後死者不得與於斯文也。天之未喪斯文也，匡人其如予何。」斯文猶言斯道。朱子注：「道之顯者謂之文，蓋禮樂制度之謂。不曰道而曰文，亦謙辭也。」朱子此注，似微有所未盡。何者？禮樂制度布於世，乃為道。若禮樂制度未布於世，即不成為禮樂制度。固不能謂禮樂制度而具備於某一人之身。然則所謂「文」者，當是所以行道之節次步驟，規模門類。自歷史言，文者，乃道之既存已顯之迹。自當前言，文者，乃道之推行措施之序。孔子身與斯文，若其得世而行道，乃始有禮樂制度可言。今孔子既未能得世行道，道具於身，未布於世，故僅曰文，不曰道，此非謙辭，乃實辭也。

何以此超越於時時與人人之道，而獨明於某一時某一人之心？在孔子言之，此乃天意之未欲喪斯文。此即是天命也。故子貢稱孔子，亦曰「乃天命之將聖」，「將聖」即大聖。大聖亦何以異於人，而何以獨明具此大道？於是則推說之，曰：「此天命也。」然天命既使此大道明備於聖人之身，又何以不使此大道遂明備於聖人之世？豈遂有或人者出力以沮遏之，以使其不行乎？若使於某一時，有某一人者，能出力以沮遏此大道之行，則豈非此一人之力，遂更勝於聖人之道乎？然聖人之明備此道，則出於天命，則豈此一人之力，遂更勝於天乎？若果此一人之力可以勝天意，違天命，沮遏天道於不行，則所謂天，所謂道者，豈不將轉屈於此一人之力之下，又何以成其為天與道？故知若果是大道，可以行之世世與人人，則必無人者可以沮遏之，既曰無人可以沮遏之，故曰：「匡人其如予何」也。

然既無人可以沮遏此大道，而大道何以仍終於不行？在釋迦，則說之曰：「此由眾生無始之積業」。在耶穌，則說之曰：「此由人類原始之罪惡」。而孔子，又不然。孔子不歸咎之於人，則說之為此仍是「天命」。

故孔子曰：「鳳鳥不至，河不出圖，吾已矣夫！」惟天意不欲此道之行，則雖聖人亦無如何。故非天意，則聖人不得明此道；非天意，亦無人可以使此道不行於天下。

故子曰：「道之將行也與，命也。道之將廢也與，命也。公伯寮其如命何？」公伯寮何人，乃能沮遏天命於不行？公伯寮既不能沮遏天命於不行，又何以能沮遏大道於不行。大道即本於天命，不僅公伯寮一人之力，不能沮遏此大道與天命，即積一世人之力，亦無法沮遏此大道與天命。夫大道固將推行於世世人人而無阻，而豈一世之人之力所得而阻之。且若此一世之人，將合力以阻此大道之行，即此道者，固得謂之大道否，亦誠可得而懷疑矣。孔子固謂「道不遠人」，若道而遠人，則不得謂之道。夫既道不遠人，則人心必不欲違道。故曰：「斯民也，三代之所以直道而行也。」惟其道不遠人，故人心必不欲違夫道。換言之，固無一世之人，皆欲違此道，而此猶得謂之為道者。既謂之道，必將有當於人心，故決無有人人出力以違道之事。人人既無意於違此道，而任何一人或數人之力又不足以沮遏此道，而此道終於不得行於世，則非謂之天命而莫屬矣。

釋迦推原此道之不行由於眾生無始之積業，耶穌溯述此道之不行由於人類原始之罪惡，而孔子獨信此道之不行，不屬於人事，亦出於天意。此乃孔子之至仁，亦即孔子之大智。然天意何以不欲此道之竟獲大行於此世，天之用意又何在？此則最為難知者。而聖人之知則必以知此為終極。故曰：「吾五十而知天命。」又曰：「不知命，無以為君子。」孔子既以行道於天下為己任，故曰：「吾非斯人之徒與而誰與。」又曰：「我何以異於人。」孔子不欲異於人，故所以負有此任者，亦歸之於天命，故曰：「天之降大任於是人。」而此道又終於不獲行，亦仍歸之天命。故曰：「不怨天，不尤人，下學而上達，知我者其天乎！」

何以不尤人？因孔子深知無人可以沮遏此道之遂行，亦無人願意沮遏此道之遂行者。則於人乎何尤？此道之不行，既非出於人心與人力，則必出之於天意。天意既沮遏此道，又何以不當怨？因道既本於天，而此道之所以獲明於斯世與斯人者，亦出於天意，則天意終無可怨也。若怨天，斯無異於怨道。若尤人，亦無異於尤道。今既將以行道為己任，故不怨天，不尤人。而道則終於不獲行，則必求其所以不獲行之故，又必求其所以終獲行之方，於是使聖人遂愈益明夫天，愈益明夫人。換言之，則愈益明乎命，愈益明乎道。故曰「下學而上達」。

然此種眞理，則終難驟得世人之共信與共明，孔子曰：「我非生而知之者，好古，敏以求之者也。」又曰：「生而知之，上也；學而知之，次也；困而學之，又其次也。」然其知一也。孔子既不欲自異於人人，自居於生知，則必為學而知之者。學必遇有困，道之不行，吾知之矣，此為孔子所遇之困之最大者。困而不廢於學，不怨天，不尤人，於是由下學而上達。所達愈高，所知愈深，而知之者愈無人。故曰「知我者其天乎」。

然則惟孔子知天，世人因不知天，遂亦無從知孔了。

道與命之合一，即天與人之合一也，亦即聖人「知命」「行道」「天人合一」之學之最高之所詣。故孔子雖不自居為教主，而實獨得世界人類宗教信仰中之最深的領悟，宜其世不知、道不行、而不怨不尤矣。

（一九五四年作）

一一　人生三步驟

一

諸位先生，諸位同學，今天我的講題是「人生三步驟」。人生是指我們人的生命。我們每一個人的生命的發展過程應該有三個層次，或者說三個階段。我所說的話都是根據我們中國人一種傳統的舊觀念，或許和現代人的觀念有一些不同。今天我所講也可以貢獻給諸位，做為討論人生問題的一種參考。

我們講人生三步驟，第一步驟應為「生活」。人的生活如衣食住行，它的意義與價值是來維持和保養我們人的生命存在的。也可以說生活是生命存在一種必須要的手段或條件。譬如我們講食和衣，所謂食前方丈，我可以吃一桌菜，前面放着見方一丈的很多食品，同顏淵的一簞食、一瓢飲，雙方的意義與價值是同樣的，沒有很大的分別。又如穿衣，大布之衣，大帛之袍，同穿錦衣狐裘，雙方的意義與價值還是差不多的。飲食為禦飢渴，衣着為禦寒冷。住可以有高樓大廈，但是像顏淵居陋巷，在貧民窟裏，諸葛亮高臥草廬，在一個茅篷裏，外表看來雙方好像很不同，實際論其在生命的意義與價值上，還是差不多，沒有甚麼大不同。依次講到行，高車駟馬，古人駕車是用四匹馬。孔子出遊一車只有兩馬，老子出函谷關只騎一條驢子。普通人就徒步跋涉了。其實在人的生命之意義與價值上，仍是差不多。直到今天科學發達，物質文明日新月異，我們的衣食住行同古代歷史上的絕不相同了，但實際照我們人的生命立場講來，衣還是衣，食還是食，住還是住，行還是行，在生活形式上古今雖有別，但在生命的意義與價值上，還只限於第一階段。縱說在生活上有一些進步，仍只限於生命的維持與保養之手段上，還是差不多。

說到植物動物，亦都有它們的生活，亦都有他們維持保養生命的手段。所以生命中之第一層次即生活方面，比較接近自然，可以說人同其他植物動物的生命，相差得不很太遠。孟子說：「人之異於禽獸者幾希」，即是此意。進一步說，我們是為要維持保養我們的生命才有生活，並不是我們的生命為着生活，而是生活為着生命。換一句話講，生活在外層，生命在內部。生命是主，生活是從。等於說生命是個主人，生活是個跟班，來幫這個主人的忙。生命獲得了維持和保養才能有所表現。接着再說人的生命該有甚麼表現呢？表現在那裏呢？生命不是表現在生活上，應該另有它的表現。這就要講到人生的第二步驟，講到人的生命發展過程中的第二個層次，即是人的「行為」。換句話講，也可以說人的生命應表現在人的「事業」上。

二

我們有吃、有穿、有房屋住、有車馬行，這也可以說是我們人的行為。然而這個不夠，這些只是人生行為和事業的先行步驟，我們應在超乎衣食住行的生活以外，或說以上，另有一番表現。我們在這個世界上，不是專為吃飯，專為穿衣，專為住房子，專為行路的。我們應該除了衣食住行以外，另有我們人生的行為，兼及事業，此始是人生之主體所在。所以我們要求生活，要求衣食住行的滿足，只需是最低限度的，能夠維持我們的生命就夠了。下面是我們的行為了，人生的第二步。此一部份卻不能僅求其最低限度之滿足，而應有其無限發展之期望。

今天我們每一人要一職業，亦成為生活中一手段。我要解決衣食住行生活的要求，我才謀一個職業，拿多少工作來滿足我最低限度的生活這就夠了。職業當然也可說是一種行為，而我們應該另有一種行為，超乎職業之上的，並擴大到職業之外的。我們這種行為是甚麼呢？舉中國古人所講，則是修身、齊家、治國、平天下，這才算是我們的行為。

修身不是一職業，職業之外還有許多方面該要修，更該注意。諸位或許聽了「修身」兩字就生起反感，認為它是一種束縛我們人的舊道德舊規矩。其實中國人所謂的修身並非如此。今天大家講我們的人生要自由，要平等，要獨立。我們就舉這三點來講吧。修身就是我們最大的自由。職業是沒有自由的，你做一份職業就有這一份職業的限制。修身是個人的。我們講自由應分兩部份講，一部份是消極的自由，一部份是積極的自由。諸位認為自由是一個積極向前的，然而我們每一個人在一個大的羣、大的團體、大的社會裏面，他不能有無限的自由。諸位今天來聽講，大家各坐一個位子，不能隨意離座走動，就是大家自由的限制。大家可以自由的，是一種消極的自由。修身主要就是一種「消極的自由」。譬如說我們講話做事，有的事情我不肯做，有的話我不肯講。你要我做要我講，我不做不講，這是我的自由。我的消極的自由。

諸位將來個人有了職業，或許會碰到一件事要你做而你不肯做，要你講這句話你不肯講，這是你的自由。人必有所不為，而後可以有為。我們每一個人一定要有我不肯做的，那麼第二步可以做你該做的，你能做的，你要做的。我們人必然要有所不為。有所不為，就是我們消極的自由。我們為解決生活謀一職業是不能不做的，但吃飽了，穿暖了，生活上最低限度的要求滿足了，即該自知夠了，不再往上要求。那麼我可以表現我個人自己一番的行為。倘使你在生活上要求無限的向上，那麼我們人生變成專為生活而有人生了，手段變成了目的。我們要有所不為，甚至於到了中國古人講的殺身成仁，捨身取義，殺身捨身也有所不顧，這是自由的。這也是一種消極的自由。但卻是一種大無為精神的表現，說是消極而實是積極的。如文天祥在元朝監獄裏，他就有所不為。你要叫他這樣，他絕不這樣。殺身成仁，捨身取義，這是他的行為，不是他的生活。專為謀求生活而講，文天祥可算是世界人類中間最愚蠢的一個。照行為來講，文天祥不僅是中國歷史上，就是在全世界人類中，都可以說是第一等的人物。這才是我今天講的所謂消極的自由。

我們一個人只要肯有所不為，不肯講我不要講的話，不肯做我不要做的事，不論他是大總統、大統帥、大企業家、大富大貴者，不論他是農民、工人、一貧賤者，在行為上講來，都是平等的。他們的分別只在生活上職業上。但他們做人的精神是平等的。我們講平等要從這種地方講。如只從生活上職業上看，人與人怎麼能平等呀。香港有五六百萬人，專從生活上看，人人不平等。整個世界各地的人類生活都不平等。要表現平等只能從一種行為的精神上來表現。

我們講到獨立，也只有從這種地方來講。只有各人的行為是可以獨立完成的。你要我講這句話我不講，你要我做這件事我不做，這是獨立。諸位謀一個職業來解決你的生活問題，怎麼能獨立呢？我們沒有看見一件事情、一個工廠、一個商店、一個學校，乃至於一個軍隊、一個政府，參加進去的人，可以各自講獨立的。諸位到大學來讀書，你們能獨立嗎？只有碰到一件事有關你個人的言行，你可以這句話絕不講，這件事絕不幹，所謂消極的自由，每一個人都有。行為之可貴就在這裏。

有的事情富貴的人可以做，貧賤的人不能做。有的事情貧賤的人能做，富貴的人不能做，這是無法平等的。只有中國人講的修身，這一種行為的精神，就如我剛才舉的例，這是平等的，這是自由的，而同時這是獨立性的。可見我們古人所謂的修身，到今天還是有意義有價值。再隔三百年三千年，這種意義與價值還是存在的。

修身是第一步，第二步是齊家。那一個人沒有家呢？固然有人沒有家，這是極少數中之極少數。我們每人都有一個家，我們普通都有一家共同的生活。我們有了家，我們就該有一番行為來齊家。父慈子孝，兄友弟恭，夫婦好合，一家這樣才是人生中有意義的生活。這要我們有意義的行為來達成，才能齊家。

我舉中國歷史上兩件很不平常的故事來講。古代有個舜，舜有父親母親弟弟四個人一個家。父母弟三人共同打算要害死舜，這個我們不詳細講。然而舜到最後，他不離家出走，卻使得他的父親母親弟弟都被感化了，終於保全了這一家。當然以後社會很少碰到像舜這樣的家庭。而我們中國古人就舉這一件故事來教我們齊家。諸位的家庭斷然沒有像舜的家庭這樣的艱難困苦，但還不能齊家，為甚麼？

我再舉另一個例，就是周公。周公的父親是周文王，哥哥是周武王。周公幫武王打天下，武王不幸死了，武王的兒子是成王，當時還是個小孩子。周公的上面還有一位哥哥是管叔，管叔派在外邊，朝廷一切大權都在周公手裏。中國當時王位繼承的規矩有兩個。一是哥哥死了，弟弟接下去，那麼應該輪到管叔。一是父親死了，兒子接下去，那麼應該是成王。但是成王年紀太輕，周公知道管叔不能擔大任，所以才令成王繼位，而又自己當朝攝政。管叔聽了被征服的商朝敵人的話，就起來反對。周公不得不出兵東征，把管叔殺了，回來再幫成王統治天下。成王年齡長大了，周公才把大權交出，這所謂「大義滅親」。周公當時遇到了這樣一個有困難的家庭，他這樣處理，這也是齊家。這是我舉兩個大家知道的歷史上特別的例來講齊家。下面中國歷史上的所謂齊家的故事，還有很多例，都是這一種精神。

我請問諸位，諸位要謀職業，要解決生活上的衣食住行，怎麼能沒有家呢？你有家就有夫婦、父母、子女，在差別中求配合，就是齊家之「齊」。所以要修身，兼要齊家，齊家是修身方面一件極重大的事。這是我們人生的行為，同謀職業解決生活不相干的。

我再舉論語上說的一故事。有一人，他的父親在附近偷了人家一隻羊，人家查問他兒子，那羊是不是你父親偷的，那兒子當然知道自己父親偷了人家的羊，但是你是他兒子，你不能直講，你只能說我不知道，不能說這隻羊是父親偷來的。後來的人就說，天下無不是的父母。父母儘有很多不是，像舜的父母，要殺兒子，還是嗎？這個父親偷了人家的羊，但他的兒子不肯對人直說，這也是修身。修身和齊家打成一片的。諸位想一想，倘使你的父親做了一件不應該做的壞事，你處甚麼態度呢？你只能讓別人來檢舉，你不能附和別人，因為他是你的父親。一個人只有一個父親，一個母親，在我講來父母縱有不是，我只能私下諫勸，不該當眾指摘他不是。若說這是私心，天下那裏有都是大公無私的呀！吃飯，我一口口吃，這是私的。穿衣，穿在我身上，也是私的。房子由我住，還是私的。那有不私的呢？修身齊家不是講個人主義，不能只有你。沒有父母，你又從那裏來的呢？修身齊家亦不是講社會主義，身與家都有私。這裏可以講中國人一種行為道德，是公私兼顧的。你不直說父親偷羊，這個在中國人講來是一種消極的自由。你可以盡你的心，盡你的力來修身齊家，這是你應該做的，這亦是大家平等的。我應該修身齊家，你也該修身齊家，大家獨立平等的。我修我的身，我齊我的家，你修你的身，你齊你的家，不應該逃避。但這是人生，不是生活。修身齊家之外，下邊還有治國平天下。

我請問諸位，我們大學畢業了，在我們中間究竟有幾人能做大總統，做國務總理，做三軍大統帥，或者做教育部長經濟部長，要我們來治國呢？恐怕一百人一千人中不能出一個，乃至一萬人中不能出一個。或許今天香港五百萬人中沒有一個。這是沒有自由的，不能平等的。在此方面，中國人說「有命」，要碰機會，碰命運，不是你要如此，就可以如此的。我們只能先修身齊家，要治國一定要從修身齊家起。所以我們只能守己以待時，安己以待命。身不修，家不齊，你怎麼能治國呀！我請問你對一個身，對一個家，五個人，八個人，你尚且沒有辦法，整個的國家你又怎能有辦法。我們固然可以希望碰到一個機會，讓我能出來治國，乃至於平天下。但我們當前該做能做的，則是修身齊家。而在修身齊家中間，所該做能做的，是要做一個有所不為的人。譬如說，我在家裏和家裏人一同吃飯，我不能拿我喜歡吃的菜放在我的面前來吃，這也是有所不為。又如穿衣，我只能穿我自己的，不穿別人的，這又是有所不為。這些都是一種消極的自由，至於積極的自由不是人人可得的。所以中國人講行為就是修身齊家，然後乃能及到治國平天下。

諸位可以做學問，可以立志養志，可以愛國家愛民族，一旦有機會我可以出來治國平天下。至於預備工夫，則是修身齊家。修身齊家是我們的行為，而治國平天下則可算是我們的事業。這些是我們人生的第二步驟。

照我個人所瞭解的中國古人的意思，「生活」同「行為」同「事業」這三層一定要分開。我們不能拿生活來包括了行為與事業。而我們在行為和事業上，一定要分「消極」和「積極」兩方面。消極的大家能做，沒有人不能做；積極的有人能做有人不能做。甚至於少數人能做多數人不能做。我們有此志，卻不能必然要達成。行為屬於個人的，個人管個人的行為，然而亦屬於團體，由我一個人，可以及到一個家；由我一個家，可以及到國家天下。不是拿家庭來壓迫個人，拿國家來壓迫家庭。我有所不為，不受外面壓迫，這是人的生命一種自然應有的表現。個人、家庭、國家、天下，是可一體相通的。我們古人對人生一切看得很通達很透澈，才能有此想法。

我們一個人最多不過一百年，能活到九十八十的也很少。三十年為一代，一百年已三代。過了一百年，這個家裏的人完全換了，此所謂人生無常。世界各宗教，無論耶穌教、回教，乃至於佛教，都討論到這個問題，獨有中國人不來特別討論此問題。我們中國人就在此人生無常的現實狀況之下安心了。我倒要問一聲諸位，我們為甚麼要修身？為甚麼要齊家？為甚麼要殺身成仁捨身取義？那麼就該講到我們人生的第三個階段，第三個步驟了，這就是我們人生的「歸宿」。

三

我們人生有個開始，就是要吃要穿要講生活。不然怎麼能保有此人生呢？人生要有開始，可是也要有個歸宿。諸位在此聽講演，聽完了，各人亦該有各人的歸宿，或者回宿舍，或者回家，不能老在此講堂。我們整個的人生都該有個歸宿。從開頭到歸宿的中間這一部份就有行為或事業。歸宿是個甚麼呢？中國人講歸宿同一般宗教的講法不同。宗教說人死了靈魂上天堂，或者下地獄。中國人不說他對，亦不說他不對，把此問題暫置不論。中國人只從人生來講人生。中國人講人生的歸宿在「人性」。天命之謂性。凡是一個生物，一定有它的性，一隻洋老鼠、一隻小白兔，都有性。洋老鼠有洋老鼠的天性，小白兔有小白兔的天性。不講動物，講到植物。諸位能栽花，一種花有一種花的天性。你要照它的天性去養它。你種盆蘭花，你要照蘭花的天性去養它。你種盆菊花，你要懂得菊花的天性。你養條牛，你要懂得牛的天性。你養匹馬，你要懂得馬的天性。那麼我們人呢？我們人有生命，當然就有性。人和動物不同處，在人的天性高過其他動物，不容易知道。不僅別人不知道，你自己或許亦不知道。諸位到學校來讀書，你們選了文學院，以為是你性之所近或性之所好。隔了幾年，或許你會更喜歡理學院。理學院的人也如此，隔了幾年覺得我學文學更適合自己的天性。自己不知道，自己的父母也不易知子女的天性。因人的生命比動物高了，所以人的天性亦比動物難知。但人的一切行為又必須合乎他的天性。諸位說人的生活亦有性之所好。如我擺兩個菜，一個鷄，一個魚，你喜歡吃鷄呢？還是吃魚呢？一下就易知，這是簡單的。若你學文學，究竟喜歡詩歌還是散文，這就不易知了。散文中，你喜歡韓文還是柳文，亦不易知。這些都該用功夫才得知。人的其他行為都如此。但總之人的行為要合乎自己的天性。

為甚麼我們中國人要提倡孝呢？中國人認為孝是我們人的天性。諸位能不能反對說孝不是人的天性。你且從你弟弟妹妹初生下來看他對父母的感情。你自己到了年齡大了，你想念不想念你的父母親。到你老了，父母死了，你是不是還會追念到他們。這要拿事實來證明，不是一個人可以發表一篇論文來辯論的。像此之類，我不多講。

我們如能圓滿我的天性，完成我的天性，自會得到「安樂」兩字做我們人生最後的歸宿。我天性喜歡這樣，我人生的行為事業表現亦是這樣。這樣做，我心裏才安，才會感到快樂。我請問諸位，我們的人生除了安與樂還有第三個要求嗎？我們吃要吃得安，穿要穿得安，「安」是我們人生第一個重要的字。安了就能樂。我們看社會上大富大貴的人，或許他不安不樂，極貧極賤的，或許他反而安樂。諸位應該學爭取富貴呢？還是學安於貧賤呢？我剛才講的大舜，他家是貧賤的。周公，他家是富貴的。富貴貧賤只是人生一種境遇，我們要能安，我們要能樂。只要我們的行為能合乎我們的天性，儘可不問境遇，自得安樂。

我們中國人又常言德性。甚麼叫德呢？韓愈說：「足於己無待於外之謂德。」可見「德」就是「性」。在我們自己內部的本就充足，不必講外面的條件，只要能把來表現就行。譬如說喜歡，喜歡亦是我們的天性，人自會喜歡，不需再要條件。快樂亦是我們的天性，人自會快樂，不需再要條件。哀傷亦是我們的天性，人自會哀傷，不需再要條件。人遇到哀傷時不哀傷，便會不快樂。如遇父母死了，不哭，你的心便不安，也就不樂。哀傷反而像變成為快樂了。怒也是我們的天性，人自會發怒，不需再要條件。發怒得當，也就像是一種快樂。喜怒哀樂都是感情，從我們的天性來。每個人都有從大自然中帶來的這份感情，不待外面另有條件來交給我這些感情。我不識一個字，我也有喜怒哀樂。諸位看街上不識字的人多得很，或許他的喜怒哀樂比我們反而更天眞，更自然，更能發洩得恰當而圓滿。我們人生最後的歸宿，就要歸宿在此德性上。性就是德，德就是性。也可以說是上帝給我們的，所以我們古人亦謂之「性命」。我們要能圓滿發展它。

四

我們的身體是父母生的，也是上帝大自然給我們的。它可以活一百年。能活到一百年固然好，能活九十八十也算好了。十歲二十歲就夭亡了，這是很可惜的。

身體之內有個「心」，生命之內有個「德」。「德性」乃是由天所賦，盡人相同，可以不只一百年，可以綿延到幾千年，幾萬年。人的生活到死完了，人的德性可以保留在你的兒孫身上。亦可保留在大羣人的身上。喜怒哀樂古人有，今人亦有，將來的人還是有。這個人能表現一種十分恰當圓滿的喜怒哀樂，可做人家榜樣的標準的，中國人稱他為聖人，或者稱他為天人。與天、與上帝、與大自然合一。我們人生到這個階段，可以無憾了。我們修身齊家，能喜怒哀樂合於天性，亦可以無憾了。人的生命歸宿就在此。所以我們做人：

第一：要講生活，這是物質文明。

第二：要講行為與事業，修身齊家治國平天下，是人文精神。

第三：最高的人生哲學要講德性性命。德性性命是個人的，而同時亦是古今人類大羣共同的。人生一切應歸宿在此。

我想我們人生不能超出此三步驟。中國古人講人生就是這三個步驟。諸位聽了我的話，去讀中國孔孟莊老的書，或許可以多明白一點。至於這個話對不對，合理不合理，諸位可以拿現代的人生、現代的觀念加以思考，來作比較。自然亦可由你們再作批評。今天我的話不是一種教訓，我只是把自己所了解的中國古人的話，來介紹給諸位。

（一九七八年香港大學演講，刊載是年十二月十九日中華日報）

一二　中國人生哲學　第一講

諸位先生，我最近眼睛看不見，不能看報，亦不能看書，已經兩年了。所以今天同諸位講話，並不能事先翻書好好作一番準備，所以這只能算是閒談，請諸位原諒。

我的題目叫「中國人生哲學」。這個題目，是院方指定要我講的。我認為中國並無所謂哲學，哲學是西洋人的一種學問，我們翻譯過來稱之為哲學。中國並無像西方般的哲學，只能說中國人有中國人的思想。思想的方法道路，一切同西洋人所謂哲學思想並不同。所以不能說中國有哲學。倘使說中國有哲學，只是比較偏於人生方面的。倘用中國人自己的話來講，應說我是來講中國古人所講的一些做人道理。但不如依照院方指定用「人生哲學」四字比較通俗，亦不會引起人反對。

一

我們講到人生，照理世界人類生在同一天地之間，應該是差不多的。不過每一件事，從這一面看，和從那一面看，總是有不同。所以人生可以說是大同而小異的。同一人生，儘可有許多的不同。譬如說，照今天來講，中國人是中國人的一套，印度人是印度人的一套，阿拉伯人是阿拉伯人的一套，歐洲人是歐洲人的一套，非洲人是非洲人的一套。為甚麼呢？因為天時氣候不同，地理山川不同，物產動植礦都有不同。而我們人的行為習慣，在這不同的大環境之下，亦有不同。從有人類到今天，究竟是一百萬年呢，還是兩百萬年呢，還是更多呢？現在還沒有一個定論。我們有歷史記載已經幾千年了，這長時間的經歷不同、傳統不同，成為我們人生與文化的不同。或許不同的比同的更重要。中國人就是中國人，印度人就是印度人，歐洲人更是歐洲人。

今天我們講學問。我認為有一套學問，現在大家知道了，而還沒有詳細去研究。這套學問即叫做「文化學」。「文化」這兩個字，西洋人開始創造使用，不過是近代兩百年內外的事。英國人最先叫做Civilization，德國人繼之，改稱為Culture。中國人把Civilization翻成文明，把Culture翻成文化。這「文化」與「文明」兩詞，在中國已有兩千多年的來源了。易經上說：「觀乎人文，以化成天下。」又說：「天下文明。」這是我們這兩詞的來源。

現在我們再講，甚麼叫做文化？這個問題現在還有很多的意見、很多的講法。我姑照易經上這兩句的原意來講，人文是說人生的各種花樣，這便是我上面所講人生的「小異」。但我們該把這許多小異來化成「大同」，這就要像是天下一家了。所以中國人在國之上，定要加一「天下」一詞。倘使國與國之間，不能趨向大同，這又那裏來有天下呢？

從前中國人印度人彼此交通不多，和中亞西亞以至歐洲交通更少了。現在的世界，交通到處方便，應該成為一家了。那麼我們中國人，不能像從前關着門的不懂歐洲人。歐洲人亦不應該像從前關着門的不懂中國人。因此今天以後，我們要講世界和平，第一個條件，要你瞭解我，我瞭解你。先要有一種所謂「人類文化」的知識。

文化二字講得淺，就是人生的花樣。我們從裏面講，宗教、科學、哲學、文學、藝術、政治、法律、經濟，一切的一切，都是人生的花樣，都從各自的文化展演出來。這樣講比較困難。文化表顯在外面的，就是我們的「人生」。人生當然是一個總全體。中國人是這樣的一套人生，印度人歐洲人又是那樣的一套人生。我這四次講演，就是要講中國人的人生。而我特別先要講的，是講一百年來的中國現代人生。

二

我今年八十六歲，我出生是甲午年的下一年乙未，就是臺灣割給日本人的一年。我小孩子的時候，絕不會想到我的老年會在臺灣過。我們現在普遍有句話，報上說，嘴裏講，求變求新。我們都要變，要向新的路上變。但中國這一百年來，實在已變得太大了。今天的中國，絕不是我小孩子時候的中國了。今天的中國人，亦絕不是我小孩子時候的中國人了。已經變得很大，亦可以說變得很新了。我們還要求變求新，我們究竟要變到甚麼一個階段？甚麼一個形態？怎麼樣的新？這是當前我們每一個中國人的人生問題。

我們在一百年前，康有為梁啟超就講變法維新。這只是在政治上求變求新，並不是整個的中國人生一切方面要變要新。當時有一句話，「中學為體，西學為用」。我們要變，我們要有學問，要有知識。而當時的講法，我們應該以中國人的學問為體，西洋人的學問為用。怎麼叫「體」呢？如耳目為體，視聽為用。耳目不可變，所視所聽則可變。又如身為體，衣服為用。中國的學問是個本體，西洋的學問是可拿來幫作一用的。這兩句話我們都說是張之洞講的，實際上梁任公亦曾講過，不過我現在不能翻書了，我不能告訴諸位梁任公講這兩句話在甚麼書上。我記得有這件事，現在暫不細講。

到了我小孩的時候，中國實在已經變得很大了。講我小孩時一個故事吧。我從私塾跑進國民小學，那時候小學裏最看重的是體操唱歌。因為國文歷史還是一套舊的，體操唱歌都是新的。我們的唱歌先生是個日本留學生，這位先生了不得，能做詩、能填詞、能畫畫、能寫字，當然還能寫文章，而到日本去留學。回來教我們唱歌。因為我們中國開始要變要新，而那時是一個滿清政府，有一個滿洲皇帝。所以我們只求照日本人，或者照德國人，同樣有皇帝的國家來變。因此我們派出去的留學生，到日本的最多，到德國的次之。不過我們的心裏面討厭日本人，因為甲午年就吃了日本人的虧了。特別喜歡德國人。但唱歌是一門新課程，當時只有這一位先生能教，所以我們亦特別看重他。

另一位先生教我們體操的，這位先生到過上海讀書，他教的體操一課是從上海學來的。他有舊學問，又抱有新思想。有一天，他問我說，我聽說你能讀三國演義，是嗎？我答是的。他說，這書不要讀，它開頭就說天下合久必分，分久必合，一治一亂，這些話就都錯了。這是我們中國歷史走錯了路，纔有這樣的情形。現在的英國人法國人，他們合了不再分，治了不再亂，那會像中國人所說的天運循環呢。諸位聽呀！這個話，是在清朝光緒時，一個鄉村教體操的老師所說。這在我的腦子裏，可以說是第一次接受到新思想。我到今天記得清清楚楚。後來我知道他是個革命黨。他還說，你知道不知道，我們的皇帝不是中國人，是滿洲人呀！這個不講了。

到辛亥革命，創造了中華民國。下面不久就又來「新文化運動」。新文化運動提倡一口號，所謂「全盤西化」。我們一切要西化，可是當時所謂的西化，新文化運動，僅只在雜誌報章上宣傳，而並且都講的是些思想問題。孔子老子，這樣不對，那樣不對。重要的是批評我們的舊中國、舊思想，要變出新的來，有兩項，一稱賽先生，指科學；一稱德先生，指民主。後來我到北京大學去教書，與提倡新文化運動的主要人物胡適之等人為同事。其實當時提倡所謂新文化運動的人並不多。各學校的教師和學生們，乃至於北平全社會，還是一個舊中國、舊社會。只不過有一套新的潮流、新的運動，在那裏活動。

對日抗戰時，我到了雲南四川各地。大陸赤化，我逃到香港、到臺灣。詳細不講。可是在今天，臺灣的一切，和抗戰時的大陸全不相同，和五四運動時的大陸更不同了。今天我們沒有人在這裏批評舊中國、舊思想。中國舊書今天不讀了，難得有幾個人讀，這是同從前的小學生、中學生、大學生，以及一般的知識分子，大不相同了。今天我講一句話，我們人還是一中國人，而我們想的、講的、寫的，已是完全外國化西化了，不再是以前中國的一套了。你說的是一句中國話，但實際上，論其內容，則是一句外國話。你想的亦是外國人的想法。諸位或許認為我的話講得過分了，讓我慢慢舉例。

三

中國人究竟要怎麼樣的變？要怎麼樣的新呢？其實很簡單，我們就是要專門學西方。日本人亦是學西方。我們開始要學德國日本，以後要學英國法國，今天我們要學的是美國。我舉一個極簡單的例，從前我們在大陸，當時說全中國有四萬萬人，大學並不多，每一年由國家考試派出去留學的很少很少，自費留學這是更難了。現在臺灣一年有多少人到國外去留學，只此一點，就可以明白了。我們的變，已經變得很大了。

我們現在要變向西化，這誰也不能否認。我先發出一問題，我們究竟學得到或學不到，化得成或化不成西方人？這是問題。諸位說，我們要求變、我們要求新，其實就是要學西方人，而我們不知道西方人是不變的。我舉個例來說，譬如希臘人到今天還是希臘人，而希臘在馬其頓到羅馬帝國時早已亡了，但是今天希臘還是個希臘。羅馬人統一了意大利半島，再征服地中海沿岸，而建立羅馬帝國。帝國亡了，今天意大利這個國家只有一百多年的歷史，但是意大利人還是意大利人，仍然不變。這個猶可說，諸位拿地圖看看，西班牙、葡萄牙有多大，西班牙是個西班牙，葡萄牙是個葡萄牙，亦到今不變。荷蘭、比利時，英國、法國，都如此。英法只隔一個海峽，飛機往來很快，然而英國是英國，法國是法國。其他各國他們亦都不變。譬如英倫三島，英格蘭、蘇格蘭、愛爾蘭都在一塊兒，同是一英國，然而今天英格蘭是英格蘭，蘇格蘭是蘇格蘭、愛爾蘭是愛爾蘭，仍不變。所以我說西方人是喜歡分的。

西方人同西方人中間分，那麼西方人同其他的人當然更分了。英國人統治印度多少年，但今天印度人仍是印度人，沒有變成英國人。英國人統治馬來亞人多少年，但馬來亞人仍然是馬來亞人。英國人統治香港一百年，但今天香港人仍是中國人，沒有變成英國人。英國人只要統治你，並不要你改變成一英國人。西方人重法律，但英國人統治香港用兩個法律，一個是英國法，一個是中國法大清律例。中國社會男女、婚姻、家庭、財產種種關係，打官司入訟了，英國人便以大清律例來裁判，這算英國人的開明了。然而換句話來講，便是英國人不希望中國人亦變成英國人。對印度人馬來人及其他殖民地的被統治人，都一樣。

美國人本來是英國人。然而諸位要知道，大英帝國的殖民地遍於全世界，他只能統治不是英國人，不是白種人。自己英國人他反而不能統治。如像美國人，它要獨立，就得讓它獨立。美國一獨立，加拿大、澳洲雖屬大英帝國，實際亦獨立了。似乎可說，英國文化是崇尚獨立的。他可以統治印度人、中國人、非洲人，凡是英國人跑到外邊，就不受英國統治。所以我說，西洋文化「貴分不貴合」。

美國講民主政治，今天有兩個大問題。一個是猶太人，在資本主義社會中抓到財權。一個是黑人，在民主政治下，有他們神聖的一票。美國立國到今天兩百年，猶太人還是猶太人，黑人還是黑人，都沒有能化成為美國人。再隔五十年，再隔一百年，猶太人財權日漲，黑人人口日繁，試問美國又會變出甚麼新樣子來？

今天我們中國人最崇拜美國，並且謙虛好學，一意要學他們。但是中國人還是中國人。舊金山中國城完全是中國樣，中國人、中國社會，美國人不來管。只要法律上受統治，中國人儘是中國人好了。紐約有黑人區，有華人區，黑人還是黑人，中國人還是中國人。中國人到了美國，傳子傳孫兩百年了，還是個中國人。日本人到美國去，亦還是個日本人。夏威夷是中國人、日本人的社會。可見美國人並不講究和合與同化。

中國人是最主張「和合」與「同化」的。我小孩時就聽人說，中國人很富一種同化的力量，這是不錯的。在中國的人，都變成了中國人。我是個江蘇人，從來是荊蠻之邦，本不是中國。當時的中國人只在黃河流域，廣東福建當時稱北粵，但是現在都是中國人了。五胡亂華時，中國國內有匈奴人、鮮卑人等，但到後便盡變為中國人了。蒙古人、滿洲人跑進中國，亦就變成了中國人。譬如我舉個例，到臺灣來的大畫家溥心畬先生，他是清清楚楚滿洲的皇族，但亦是道道地地的一個中國人。諸位讀紅樓夢，作者曹雪芹，他也是滿洲人。但諸位讀他的書，他還不是一中國人了。我有一極熟的朋友梁漱溟，他上代是蒙古人。中國人喜歡和合，所以就能同化。西方人喜歡分，所以就永遠分。猶太人全世界跑，世界各國都有猶太人。蘇維埃有猶太人，德國有猶太人，其他國家都有猶太人。猶太人在唐代亦早來到中國，但中國沒有猶太人，他化了。我有一次在課堂講到這話，有一女學生她是浙江人，她告訴我說，她的祖上恐怕是猶太人，但她現在道道地地是一個中國人。在這一點上講，西方人喜歡講「分」，中國人喜歡講「合」，這是兩方人生一大不同。

「以建民國，以進大同」。這是中國人的想法。認為我們依照西方創建了一個民主國家，便可進到西方的大同世界去。但不知西洋人不要大同。你去讀西洋史，看現代的西洋各國，可見他們實在沒有一大同的理想。第一次第二次世界大戰，這是西洋文化的破裂。現在不是英國、法國，是美國、蘇維埃了。蘇維埃崛起在一旁，西歐各國應該統一起來，變成一個國家還可以對付。但直到今天，他們只有商業的同盟，每一件事情要許多國家開會。

蘇維埃軍隊跑進阿富汗，美國人出來反對，主張不參加在莫斯科開的奧林匹克運動會。西歐各國到今天還沒有一致的意見。有的要參加，有的不參加。即使不參加，心裏還是喜歡要參加。說運動和政治是應該分的。這眞算是西洋頭腦，件件事都要分。有關全世界國際形勢的大問題，不該來轉移私人參加運動競賽的興趣，這叫「個人主義」，亦就是民主政治的基本。

我們今天說民主共和，實在是我們東方人意見。我們今天要西方化，學美國人，那麼只有「美麗島事件」，謀求臺灣獨立，這纔像個樣。從前英國人跑到美洲，說是政府的賦稅太重，不合理，可以要求改輕，英國還是一英國，不必另要成立一美國。倘使這樣，到今天這兩百年來，英國人在這世界上不得了啦，美國、加拿大、澳洲，全世界各地的英國人，仍在英國同一政府下，這還了得嗎？但美國人要獨立。今天我們要學美國，臺灣要獨立，叫做平等，叫做自由，這是要分不要合，要民主不要共和。

我們今天的西化，實在似是而非，仍不是西方化，否則中國早不能成為一中國。土地這樣大，人口這樣多，開始就該照陳烱明主張聯省自治，不該要有一大一統的中國。因此我們要學西方便該先瞭解西方，亦該瞭解我們自己。以建民國，以進大同，這「大同」兩字是中國人觀念，西方沒有。看英國、美國便知道了。看今天歐洲的商業同盟亦就知道了。要學西方就不該再要大同，分與爭是對的，合與和是不對的。看蘇維埃不是在和美國爭嗎？我們要學西方，有人要學美國，又有人要學蘇維埃，我們就自己爭起來。這是我們這一時代的風氣，這就是所謂「西化」。

四

今天我們中國人已經用了外國話，外國頭腦，還覺得中國還要變。我舉一個例，國家最重要的就是教育。我小時候進小學，就已算得是受了西方化的新式教育，後來纔有所謂國民教育。今天我們誇稱全國的兒童都受了國民教育，文盲很少，但「國民教育」四字就是西洋化，西洋頭腦。開始於普魯士，慢慢推及到歐洲各國。他教你做個國民，奉公守法。你做這一個國家的國民，你要懂得要服從這個國家的法律。但中國人的教育不是要教你做個國民，是要教你做個「人」。這叫做修身、齊家、治國、平天下。國的下面還有一個家、一個身，國的上面還有一個天下。修、齊、治、平，這是我們每一中國小孩要讀的大學一書裏講的。我在小孩時，就聽人批評中國人沒有地理知識，閉關自守，怎麼知道有天下。難道他已經知道希臘了嗎？已經知道歐洲，還知道非洲了嗎？其實這是他不會讀中國書，不懂中國觀念，拿西方觀念來讀中國書，拿今天的觀念來讀兩千年前的中國書。其實中國人講國，僅指一個政治組織。一個國，必有一政府。中國人講天下，這一個社會、一個人生。政治不能包括盡了全社會、全人生。社會還是永遠在政府之上。這是中國人的舊觀念。天下是指整個的社會、整個的人生。政治是只能管到人生中間的一部分。

我最近寫了幾篇文章，自己很得意。有一篇，題目是「國家與政府」。西方人政府就代表了國家。中國人是說，一個國家，必有一政府，這裏面就顯有大不同。而中國則國家的上面還有一天下。今天則只稱國際，但國際並不就是天下。國與國之間仍可有紛爭，天下則應是一「和合」的。

孔子要到九夷去居住，他的門人說，九夷陋。孔子說：「君子居之，何陋之有。」這是說像孔子那樣的人去居住在九夷，九夷的天下就不會小，會變大了。這裏面就有中國文化傳統人生哲學最高的深意在內。我暫不詳講。我再舉一個例，北宋范仲淹為秀才時，就以天下為己任，他說：「先天下之憂而憂，後天下之樂而樂。」這個天下，就是指整個的社會。那時候他還沒有做政府的官員。又如清初顧亭林說：「國家興亡，肉食者謀之。天下興亡，匹夫有責。」可見「天下」兩字，中國人自有一個講法，這是超在一政府的政治之上的。我們不能拿今天西方人的「世界觀」來講中國人的「天下觀」。中國人現在不讀古書了，我們該把中國的舊觀念用新的話來講，不該把今天的新觀念來講中國的舊書，這是不同的。

又如「自天子以至於庶人，一是皆以修身為本」。這是大學書裏的一句話。你做皇帝，亦要講修身，和一個普通老百姓同樣要修身。怎麼叫「修身」呢？修身就是講一個做人的道理。講一個做人的道理為甚麼要叫修身？這問題我暫時不講。總之，人人都該講一個做人的道理，亦就是中國教育主要所講的。那裏是專要你做一個國的國民呢。

當時學校裏有一「修身」課，後來這一課改叫「公民」。這兩課程，便大有不同。你現在做「中華民國」*的公民，你要守「中華民國」的法令，這就是了。但你還得要做一人，這個觀念，西方人沒有的。西方人認為大家是個人，都是平等的、自由的。臺灣人跑到美國，加入美國籍，美國承認你是個美國的公民，你就該守美國的法律，西方人所要求於人的就是個守法。政府就代表着國家，這便是所謂法治。法治之外，便一切都自由，一切都平等。中國不這樣，我們慢慢兒講下去。

西方教育中有宗教一項，從小孩教到老人，每禮拜要進教堂，這是西方教做人的所在。中國沒有宗教，是講孔子之道的。孔子稱為至聖先師，皇帝亦要祭孔。孔子的地位還在皇帝之上。從秦始皇到清朝宣統皇帝，沒有一個做皇帝的敢說我的地位在孔子之上。孔子是天下的，皇帝是一國的。孔子是講的人生大道，政治是人生中一職業。至於法律，是政治上使用來限制人生的。這件事不能做，那件事不能做，這是人生的限制，不是人生。西方人在法律不限制你的地方，便一切自由。但中國人正要在這些自由處來講究。你在家裏做一小孩，有做一小孩的道理。你結了婚，成了夫婦，有做夫做婦的道理。做兒子做媳婦，有做兒子媳婦的道理。你做父母，有做父母的道理。做祖父祖母，有做祖父母

*新校本編者注：文中一九四九年十月以後相關稱謂略作處理。下同。

的道理。離開家庭到社會，亦有做人處世的道理。皇帝亦是人，亦有他做人的道理。所以中國的皇帝亦得從師。李石曾先生的父親，就是同治光緒皇帝的師。師教學生，主要就在教「做人」。現在我們西方化了，人變成了公民，主要是教你遵守法律。我記得我從小孩到二十歲前，學校裏該教修身課還是公民課曾有過爭論。到了今天，「修身」兩字我們全忘了，只知道有公民課。所以我說，我們今天講話，即如公民法治等，已經全是西洋話。因發生了「美麗島事件」，大家說民主政治一定要講法治。但我們中國人這「法」字是指政府中的一切制度。但有法，沒有人，是不行的。中國人一向更不主張專以法律治國。沒有說政治是該重法律的。

譬如警察，清朝時代就沒有。有一德國人，他跑到北京城外不見一警察，使他大為驚奇。他在中國住下來了，要研究中國社會為甚麼可以不用警察，於是他讀中國書，跑到山西省，老死在中國，成為西方一漢學家。後來他的兒姪輩，他一家都是研究漢學的。可惜他們是德國人，研究中國學問究竟有限，不能有大發明。我在小孩時，鄉村以及城市都沒有警察的，要到上海外國租界纔有警察。可是到今天，我們不可想像，臺灣省臺北市可以一天沒有警察嗎？這是中國社會整個變了，而且亦變得夠大了。我們在警察之下，我請問諸位，我們應該不應該講獨立，應該不應該講平等，應該不應該講自由？但人總是個人，不能緊跟政府警察跑。西洋人講法治，從他們的文化傳統講是對的。但中國人另有一套做人的道理，單講遵守法律，是不夠的。這是中西雙方的文化不同。現在我們要盡量取消中國舊文化，來服從西化，這事究竟對不對，請諸位自作考慮，我不再講下去了。

五

我今天只講，我們中國人要學西方文化，這不是一件簡單的事。在袁世凱時代，有一美國人跑到中國來，一聽中國人講，中國是兩千年的帝皇專制，他就勸袁世凱應該做皇帝。中國既是兩千年來的帝王專制，又如何一旦便改為民主呢？今天的美國人，一到臺灣便想，臺灣人雖然亦是中國人，但到了臺灣已幾百年，臺灣當然該獨立。這些都是美國人的想法。我們中國人自己想一想，袁世凱應該不應該做皇帝？臺灣應該不應該獨立？我們中國人總該有一中國人自己的想法。今天我們學西方人，英國是英國，美國是美國，我們該不該亦還是一中國？美國人有美國人一套，英國人有英國人一套？為甚麼我們中國人沒有中國人一套？我們應該這樣學他們纔是對的。為甚麼他們講一句，我們不加討論就立刻全部接受？

像最近兩三年來，美國總統卡特提起了「人權」兩字，一下子我們就大家講人權。中國從古到今四千年，不曾講過人權兩字。「天賦人權」亦是一句外國話。天生下你這個人，便賦與你一份權，是平等的，獨立的。這是西方道理。因此他們上法堂，可以請律師，律師是跟教會來的。耶穌說「凱撒的事凱撒管」，所以他們政教分。律師是為社會人民來保障人權的。美國人離開英國到美洲去，亦為是要爭信教自由。他們的宗教能幫社會的，主要是教你死後靈魂能上天堂。後來又來謀求保護你的生命安全，主要是醫生和律師。西方的大學教育是從教會開始，除了宣傳宗教以外，便是這兩事。律師是幫人打抱不平的，法律有寃枉，律師便來替罪人作辯護。倫敦有一律師區域，正可見律師在西方社會上的崇高地位。他們的民主政治必有憲法，亦是用來限制政權的。

中國人既看重了做人道理，便不再有人權之爭。小孩在家庭便教他孝道，那何嘗是主張父權呢。滿到年齡成丁，你纔能獨立算個人，國家給你田；要你當丁，你可以結婚。未成丁以前，中國人規矩不戴帽。西方人不同，西方人從小就要教他獨立。嬰孩晚上就獨自睡一間房，晚上父母到房間，把電燈一關跑了。小孩不能獨立，要叫他獨立。老年人不能獨立，還得叫他獨立。中國人則扶幼養老，並不定要他們獨立。我想拿中國道理西洋道理平心而論，一件一件拿來比較，亦是應該的。倘使我是個小孩，我不情願獨立。現在我是一個老人了，我告訴諸位，幸而我還是個中國人，不要我獨立。

我下面想要多舉這類的例，來講中國的人生。從中國的人生裏面，可以來講到中國的文化。從這樣一條路，來讀中國的古書，論語、老子、孟子、莊子等，我們便會感覺到書中有另外一種味道。

諸位在故宮博物院管中國的許多古器物、藝術品，亦會接觸到中國的人生，中國的文化，發生出一套中國味道來。深一層講，西方亦有藝術。但你到美國到歐洲各國，進他們博物館，裏面只有埃及的，希臘的，中國的，卻很少他們自己的。縱使有，亦不佔重要地位。他們現代重要的，則另有科學館。像我們中國陶器、瓷器、玉器，自古相傳，直到現代，他們是沒有的。為甚麼會如此？這是有關人生問題文化問題上面的事，須在大本大源上來講文化人生，纔能瞭解。

我上面講的話，不是要說中國文化好。這話現在不能說，因為違背了現代大家的心理。不過我要說一句，世界文化裏有一套中國的，一套印度的，一套阿拉伯的，一套非洲的。正如在西方文化裏，有英國、法國、西班牙、葡萄牙等，現代又有美國的、蘇維埃的。我們要在這裏面平心觀察，我們總該要認識我們自己。能保留的，便該保留。能發揚的，便該發揚。不能一天到晚求變求新。我們已經變得夠變，新得夠新了。印度、阿拉伯、非洲都不如此。我們到英國、法國、德國、意大利去，他們亦沒有像我們這樣的變，像我們這樣的新。這是我個人一個簡單的看法。對不對，且待諸位來判定吧。

一二　中國人生哲學　第二講

一

諸位先生，今天我接着講中國的人生哲學。我且講一些中國以前的舊人生。我們先講講西方的人生。其實今天全世界都在學西方，簡單講西方人生是以個人主義的功利觀點為主。今天我們世界有四十億人口，如果大家都要求個人的功利，這個世界當然要爭要亂，不會安定的。而中國以前的舊人生，可以說不看重個人，而看重大群的。可以說是以「羣體」主義的「道義」觀點為主。

孔子論語講「仁」，西方就沒有這個字。換句話說，就是沒有這個觀念。西方人翻譯中國書，比中國人翻譯西方書來得謹慎。他們翻譯論語「仁」字，只用拼音，還另寫一個中國的仁字在旁。因為他們沒有恰當的一個字來翻譯中國這個仁字。這可見孔子所講仁的道理，西洋是沒有的。中國的仁字究作何解呢？歷代相傳就有許多說法。中間雖互有不同處，但大體說來還是可相通的。東漢鄭玄康成說：「仁者，相人偶。」這個「偶」字，不僅是兩個人在一起纔稱偶。偶字從人從禺，這禺字加上辵，便是遇。禺字從人，便是偶然的偶。所以人與人相遇成偶，並不專指固定的兩人，只要偶然相遇，都稱偶。像一個男人，一定要個女人；一個女人，一定要個男人。這是全世界一樣的。中國古禮，男孩子要十八歲到二十歲纔叫成人，戴上一帽，稱冠禮。女孩子年輕一點，十六到十八歲即在頭髮上戴一笄，就算成人了。男大當婚，女大當嫁，他們就可配婚姻，結為夫婦了。我們講夫婦，總希望他們成為一對佳偶。不僅夫婦相處說是偶，即人與人偶然相遇亦稱偶。便得有一番仁道。我們今天老是講獨立，這是西洋人個人主義的觀念。中國人則認為個人處人羣中始成人，日常人生必有搭配，那能一個人單獨為人呢。你看中國這個「人」字，一撇不成，一捺也不成，要一撇一捺相配合，纔是一個人字。我們每做一件工作，都要有偶。

中國是個農業社會，要耕田，田有一條條的溝，中間一疄一疄有一定的寬度。一人拿一把鋤頭去耕，耕不了這樣寬。要兩人同耕，兩把鋤頭齊下恰恰好，這稱為「耦耕」。這是把耕田做個例，其他工作都一樣。又如商業，我賣東西，要你來買的。我賣東西，沒有人來買，不成商業了。世界上一切事情都要有個「搭配」，都要能相偶纔成。而這些配搭相偶，又都是偶然的，沒有前定的。在這配搭相偶中，必該有個道，這就是孔子所講的「仁道」。這不是個人主義。我並不是幫中國人宣揚，定要說中國人講仁道是對的，西方人的個人主義是不對的。我不過告訴諸位，從前中國古人像孔子，曾講過這番道理而已。對不對，讓諸位各自去批評，這就是諸位個人的自由了。

小孩子亦有偶的，像他對父親母親便成偶，不過這一偶是不平等的。兄弟姐妹相處亦是偶，便較為平等了。要他年過十六、十八成人了，與人結為夫婦，他的與人相偶纔得是平等的。

二

這裏又要講到我們的「心」。孟子書裏說：「仁者，以愛存心，以敬存心。」韓昌黎原道篇說：「博愛之謂仁。」只講愛，沒有講到敬。諸位要知道，不只是夫婦或男女之間纔有愛。人與人相偶，都要有愛。而中國人講法，要講「愛」同時一定要講「敬」。像東漢的梁鴻孟光，他們夫婦相敬如賓，就只提到敬字沒有提到愛字。不相愛，又那能相敬呢。中國古人又特別看重這「敬」字。孔子論語第一個字是「仁」字，第二個字是「禮」字。譬如賓主，主人對客人可以沒有很大的愛，然而他一定要有一份敬意。我們對父母，不能只知愛，不知敬。論語上說：「至於犬馬，皆能有養，不敬何以別乎。」你可以養頭狗養頭貓，對它都有一份愛。但人與人相偶，愛上必加「敬」，尤其是對父母。

孟子又說：「愛人者，人恆愛之。敬人者，人恆敬之。」你愛他，他也愛你；你敬他，他也敬你。這「愛、敬」兩字，我現在再換兩個字來講。我們說親愛，說尊敬。愛他，就是親他；敬他，就是尊他。我們一個人生下到這人群中來，必有他相處的對象，必有他所處的環境。我們總要在對象與環境中，有我「可親」「可尊」的，這纔是人生最大的幸福。對人愛與敬，可以有分數的不同，但斷不能無愛無敬。此種分數的不同，貴在各人自己心理上明白，此即孔子所言的「志」。所以孔子言仁，常兼言志。表現在外面則是禮。所以孔子言仁又常兼言禮。「仁」與「志」與「禮」，則是中國人講的人生大道，亦可說是理想的人生。

現在我們不這樣了。大家都想要人來親我尊我，但又說人生是平等、自由、獨立的。那麼你怎麼叫人來親你敬你呢？我親近他，我敬重他，這是我的自由，我做得到的。你要他親你敬你，這是他的自由，權不在你，你又怎麼辦呢？只有你先親近他，敬重他。客人跑來，主人敬重客人，客人當然回敬主人了。或許說，客人這樣想，我要主人敬重我，我先表示敬重主人，那麼主人當然敬重我了。

譬如今天我們大家在故宮博物院任職，生活條件我們不必講，但我們在這環境裏，總該要有所尊有所親的對象，我們的生活纔感有興趣。倘使覺得這一環境裏的種種對象，一無可尊，一無可親，那我們的生活又有甚麼意義呢？像今天我們許多中國人覺得中國無可尊無可親，所尊所親只在西方，特別是美國。那麼我們今天人在臺灣，你說這樣的人生有甚麼意思呀！所以今天許多人把兒女送美國，全家搬美國，他纔覺得心裏舒服呀！

眞要講個人主義，覺得外邊無可尊，可尊的只是我自己。無可親，可親的亦只是我自己。這樣的人，永遠不會滿意，不會快樂的。所以中國人在人羣中，必先知道有他可尊可親的對象，這是中國人的人生哲學。所以中國的人生哲學不講功利，要講道義。功利是為他個人，道義是對人而發的。西漢董仲舒說：「正其誼，不謀其利。明其道，不計其功。」可見中國人觀念，「功利」是和「道義」對立的。對人愛與敬，是人生的道義。若為計功謀利，則並無愛敬可言。

我小孩時聽人家講，「孔子對中國有甚麼貢獻呀」，這就是一種功利觀念的話。當時孔子只求盡其道，盡其義，至於能有多少貢獻，這在孔子並不計較。中國人不計較功利。我們是一個中國人，我們尊中國，親中國，這是我們的道義。我們便會懂得親孔子尊孔子，因為孔子便是教導我們這番道義的。若要以功利觀點來問孔子對中國有何貢獻，則宜乎我們對孔子要無所親無所尊了。

三

今天我不是講孔子，不是講論語，不是講孟子、董仲舒，我是要來講中國人，整個歷史整個社會的中國人。我舉一句大家知道的話來講，天、地、君、親、師，我小孩時就知道這五個字。這五個字怎麼來的，我記得出在荀子書中，那一篇我不記得了。荀子到今天兩千年。我特別注意到這五個字，是在一九四九年，我到香港。見到每一層樓廣東人家的門外都有一塊寫上「天地君親師」五字的小牌位。牌位前一小香爐，燒著三支香，也有點著一對蠟燭的，這是廣東人的風俗。我在那時深深感覺到，天地君親師五個字傳了兩千年，傳遍了全中國，亦傳到香港。香港的房子小，這牌位只能放在門外。

但中國人看重這五個字，亦可想而知了。我今天就拿「天地君親師」五個字來講一講。

人生在世，照中國人講法，主要就是天、地、君、親、師這五個字。我上次已經講過，人同人是差不多的，不過不一樣的。第一個我們講天，全世界人莫不知尊天，可說是一樣的。只有印度佛教說「諸天」，這是說各方的天，他們都要來聽釋迦牟尼講道。這是佛教的說法，把天的地位似乎降低了。其他回教、耶穌教，乃至於我們中國沒有教，都尊天。現在我們試問天上有沒有一個上帝？上帝又是怎麼樣的？回教和耶教講的不同。佛教不講到上帝。中國人固然講天，亦講帝，但後來就只講天不再講帝了。

孟子說：「莫知為而為者，謂之天。」這件事甚麼人做的，我們不知道，或者是沒有人在那裏做這件事，而這件事做出來，這就叫做天。那麼孟子說天，又和以前人說法大不同了；天就成為無可指名的一個代名詞了。但孟子仍尊天，至少是沒有一個上帝了。

中國是個農業民族，今年水災了，明年又是水災，那個人在下令成這水災的？誰也不知道。孔子論語說：「知之為知之，不知為不知，是知也。」我們的知識，是「知」與「不知」兩方合成的。知道我所知的，又知道我所不知的，這纔叫「知」。只知道你知的，不知道你有不知的，這怎麼叫知呢。至少只是知的一半。今天我們所知道的，我可以說，多半是西方人生，美國人生。中國人從前怎麼講的，怎麼做的，我們只能說是我們不知道。你能知道你不知道，這就好了。所以我常勸大家，說到以前的中國，就該說我不知道。不要強不知以為知，這就是你的知了。中國古人看重知，亦同樣看重不知。似乎天較可知，而帝較不可知，所以多言天，少言帝。

希臘只限在小小一半島上，他們以商業立國，商品貿易須發展到外地去。但外地非他們所有，故希臘人不重地。羅馬帝國搶得奪得了地中海四圍，但羅馬帝國的立國還是靠羅馬人，對於羅馬以外的地，亦只看重它地上的財富而已。直到耶穌教傳來，此下的西方人更是只看重天，不看重地。中國以農立國，廣土眾民，賴地而生，所以中國人看重天，亦同樣看重地，這又是中國文化傳統一特徵。

孟子說：「莫知為而為者，謂之天。」莊子則說：「道生天生地，神鬼神帝。」把天和地平等連說了。把天和地平等連說，便把天拉近了。把帝和鬼平等連說，便把帝更看輕了。所以會有個天，必然會有番道理的。天上有個上帝，更該有一番道理。不會沒有道理而生出天和上帝來的。今天西方的科學像天文學地質學之類，亦都為生天生地來找出一道理來。但西方科學家亦信上帝，只不能把宗教與科學合成一體，說全由上帝來生天地。中國古人則只講他們知道的，不講他們不知道的。所以多講天，少講上帝，而把天和地平等連講，則有關天的，又更易講了。而且地和農民的關係更深更大，所以中國從道家莊子以下，常連講天和地，而更重要的，是在講此天和地之道。道有可知，有不可知。但雖不可知，我們總知它應該有一道。

四

現在再講生天生地之道，有些應該是屬於物質方面的，有些則該是屬於精神方面的。人死為鬼，究竟人死了有沒有變為鬼呢？莊子亦沒有說。大家講天上有個上帝，但究竟有沒有個上帝？那上帝和鬼對我們這個世界上又會發生甚麼作用呢？作用就在這道上。上帝倘使能發生作用，亦該合乎道，不該不合道。而且如何生來有個上帝，亦該有個道，不該沒有道。所以我們人亦只該合道就得了，不必再去問上帝。這是中國人講法。西方人不這樣講。但照孟子莊子這樣一講，中國人以後雖仍信有個天，就不會有像西方般的宗教了。所以佛教來中國，中國人更容易接受。西方的耶教回教，中國人比較難接受。這因我們經孟子莊子這樣一講，兩千年來我們大家讀孟子莊子的書，我們的思想習慣就難改。現在慢慢來，我們大家不讀孟子莊子，讀了亦覺得他們說的沒有意義，沒有價值了，那麼再隔兩百年三百年，我們的思想慢慢變，我們容易接受西方的宗教了。你要限時限刻變，這是不成的。

「天」字下邊為甚麼要連帶說個「地」字呢？這又是中國人特別的。天上有個上帝，天生民而立之君，我們人由君來管，即是由天來管。天可尊，君亦可尊，但不可親。我們尊重天是對的，然而我們不能大家親這個天，這總是一遺憾。中國人想法，總喜歡從人類，從自己內部近處講出去。西方的想法，喜歡客觀，要從外邊遠處講過來。這又是雙方一不同。這亦可說是一哲學問題。

且講中國，像西周那時，總至少有一千以上的諸侯。直到春秋時代，還至少有兩百以上的諸侯。這樣大的土地，有魯國、衛國、齊國、晉國、鄭國、楚國、秦國等，倘使我們大家要親天，一切事都要請天來作決定，那麼天不是就太麻煩了嗎。於是天只有派一君來管我們，像西周開國，有周文王、周武王、成王、康王等，由他們來管我們全國，稱之曰「天子」，天之子就代表了天。我們要祭天，亦由天子來作代表。我們中國古禮，民眾是不能直接私自祭天的。那麼天所接觸的人間，由天子一人來作代表，天不就輕鬆了嗎。

此下中國從秦始皇起，直到清朝，仍只由皇帝來祭天。不是皇帝定個法律，說我有資格祭天，你們不許祭天，不是這樣的。這是一套中國的人生哲學。北京有個天壇，這是皇帝祭天的所在地。

不僅民眾不能祭天，古代有諸侯，如魯國、齊國等，他們亦不能祭天，只能祭他們自己國內的名山大川。魯國有魯國國內的名山大川，齊國有齊國國內的名山大川，各自分別而祭。這在中國人講來是禮。天只能由天子來祭，諸侯只祭自己國內的名山大川。我代表這個國家，我祭這個國家的神，名山大川都有神，都是由天派來管理各地的。

國之下又有城。齊國到戰國時，就有七十多個城。每一城就各該有一神來管，稱為城隍。每一城的外邊各地，又有土地神。那能全世界只由一個天，一個上帝來管呢?這又是中國人想法。依照我們現代說，這是多神教，是低級的迷信，遠不能比上帝一神教合乎眞理。這又很難分辨了。我小孩時，各地還有城隍廟土地廟，現在極少看見了，並且亦不再受重視。最近幾年前，我到韓國去，在中部某地乘了汽車到處跑，沿路都見有土地廟，這還算是沿襲着中國之舊。

中國人以前的土地廟是極小極簡陋的，不重在物質上來作表示。我們去祭土地神，只表現着我們一個心。正如上面說的香港各家門邊一塊寫着天地君親師的神位，亦只是表現出我們對它敬禮的一個心而已。兒子孝父母，亦不講物質條件，只重在你的一個心。你心能孝就夠了。若定要講物質條件，互相比較下來，多數便不能稱為孝。中國人是要人人講道，人人能孝纔是。我在年輕時，看報讀雜誌，就見處處在批評中國的不是。但私下翻讀古書，知道中國古人並不是像我們今天這樣的講法，還是有他們的一番道理。

我上一次講過，我小學的體操先生告訴我，英國、法國治了不再亂。後來我看英、法亦並不這樣。照今天西方科學來講，他們亦不能證明天上有個上帝，他們亦不能證明說泰山沒有一個神，黃河沒有一個神，為甚麼只可有一個上帝，不能有泰山神、黃河神。這種我們都不講。我是講中國人的思想，比較西方，可說是偏重主觀的，拿自己作主來想的。西方人的思想是偏重客觀的，從外邊來講的。怎麼是主觀的呢？譬如說政治，有一個中央政府，有兩百個諸侯地方政府，諸侯下邊如魯國有鄿、有郈、有郕三都，齊國後來有七十幾個城，每一城各派一官去管。我們人這樣，想來天亦這樣。這就成為泛神多神了。中國人主觀的用自己作基本來想，這難道必然是不對嗎？

我上一次又講，西方人是重分的，所以他們就政教分離，上帝的事情耶穌管，凱撒的事情凱撒管。中國則主政教和合，孔子這樣教，皇帝亦得這樣管。道只是一個道。凱撒那裏能脫離了上帝來管這世界呢？

然而為甚麼這樣想呢？至少有它一個道理。上帝是我們接觸不到的，上帝管的太多了。一座泰山，一條黃河，一個城的城隍，一個鄉村的土地，是我們可近可親的。我們人生要有個可尊的，亦要有個可親的。只能尊，而不能親，總是我們人生一個缺憾。天可尊，而地則比較上更可親。「天」與「地」配合起來，就可尊又可親，這就如我們的父母一般。這是中國人想法。

五

而天地只是個自然。我們要在人羣中找一個可尊可親的，就輪到「君」。君那裏來的？中國人說「天生民而立之君」，人羣中必該有一君。這是我們中國人羣體的人生觀。西方人可以不要一個君，就如希臘。希臘半島只有多少大，而有幾十個城邦，他們沒有一個統一的中央，不成一個國，不要一個君。到了羅馬，有君如凱撒，凱撒只是羅馬城的君。意大利半島是被征服的，意大利半島以外地中海沿岸更是被征服的，這便是一帝國，由向外征服而來。眞的講，凱撒只是羅馬城的君。羅馬人對他可尊可親，意大利人並不這樣。意大利以外被征服的人民，又更不這樣了。以後變了，意大利人都成了羅馬人，但意大利以外的，還不是羅馬人。是一層一層分的。其實這個道理還是中國道理。中國亦有諸夏在四夷之分，但中國人並不想用武力來征服四夷，這就不成為一帝國了。羅馬帝國崩潰，歐洲的現代國家興起。他們的君，最先講神權，後來講君權，最後又講到民權。他們的政治統治就看重這一「權」字，這就還是一種帝國精神。我們中國的政治只重「道」，不重權。所以中國人只說有「君道」，不說有君權，道統猶在政統之上。

我小孩時，就聽人講中國是帝王專制。又有人說，中國人只會造反，不會革命。西方的君權民權是分的，民權起來推翻君權，在他們是革命。中國則君道、臣道、民道是和合為一的。遠從神農皇帝以來，唐、虞、夏、商、周，下及秦始皇，到今五千年，中國人都稱炎黃子孫，結成一大國。全世界古代文明有四區域，巴比侖、埃及、印度和中國。埃及、巴比侖多少大，他們早亡了。印度屢受外國人統治，自己沒有歷史。只有中國，廣土眾民，長期統一，經過了四五千年到現在。雖有朝代更迭，中國仍是一中國。所以我常說，中國人的政治見識是全世界沒有的。現在我們這個都不講。

中國人的政治領袖是一皇帝，這是不錯的。但皇帝又怎麼樣來專制呢？至少要有兩個條件。一要有錢，一要有兵。不要說君主專制，現在的民主選舉，試看美國沒有錢怎麼去競選。要競選大總統，你要化多少錢，共和黨、民主黨各自拼湊出來，那裏能沒有錢呢？講到兵，皇帝要專制，先得有皇帝私人的軍隊。如法國革命前，皇帝的兵還不用法國人，用外國招來的傭兵。他出了錢，用了外國人來當兵，你就無法反對他。今天美國也只仗有錢有兵。西洋人的個人主義功利觀點，做生意發財，我們不如他。但是中國政府的財政，不由皇帝管。像漢朝大司農，管理政府財政。少府是管理宮廷財政的。皇帝只能用少府的錢，不能用大司農的錢。這就是君權亦有限制的。講到中國人的賦稅，孟子說「王者之政十而稅一」。但是漢朝折半，變成十五稅一，比孟子講的王政還要少。實際上，漢朝的稅還要折半，成為三十而稅一。到了唐朝，更成為四十而稅一。這我在國史大綱以及中國歷代政治得失兩書內，都已交代明白了的。

歷史上在田稅外，還有人頭稅。到了清朝，只收田稅，不收人口稅。現代我們又要罵了，說中國人荒唐，連國家有多少人都不知道。當時的人口數字是由郵政局調查得來的。政府因不收人丁稅，又沒有警察，如何來知道全國有多少人。這個皇帝眞是個糊塗皇帝，眞應該值得我們罵。但不該罵他專制呀！

說到兵，歷代的兵額，二十五史十通都明白記載着。中央政府有衛兵，歷史上漢朝多少，唐朝多少，都有註明。全國軍隊都不是皇帝私人養的，亦不由皇帝管。皇帝憑什麼來專制呢？

說到政府用人。中國自秦以下，不是一貴族政府。姓劉的做皇帝，朝廷羣臣不是姓劉的。姓李的、姓趙的、姓朱的做皇帝，朝廷羣臣不是姓李的、姓趙的、姓朱的。漢、唐、宋、明朝廷上的大臣，能有幾個是皇帝的本家。西洋民主政治有憲法，但中國歷代政府都有制度。朝代可變，漢變唐，唐變宋，宋變明，明變清，不是在變嗎？然而制度則大體不變。中國的通史，三通、九通、十通主要是一部中國政治制度史。賦稅制度，兵役制度，選舉考試制度，都是從古到今，一線相承，大體不變的。皇帝亦在此一制度下。要說專制，只能說是由制度來專制皇帝，但並不由皇帝來專制制度的。

平心而論，中國歷史上亦有許多好皇帝。我們不要講堯、舜、禹、湯、文、武，講秦始皇以下的。倘使我們中國有人肯幫中國人講句公平話，拿中國歷代的皇帝來講，我想一個朝代至少應該有一個兩個好皇帝。就算異族統治，像清朝的康熙皇帝，你拿他詳細的來講，不算得是世界上難得碰到的一個好皇帝嗎？倘使他留在滿洲，仍在關外，不做中國傳統政治制度下的一個皇帝，怕亦不會這樣好呢！

皇帝不講了，講今天我們國人好罵四五千年或兩千年來，我們在皇帝專制下的中華民族的奴性吧。其實皇帝亦並不專制，我們中國人亦並非天生的奴性、做慣奴才的人。為什麼我們中國人還說「天、地、君」？君應該是一個可尊可親的。現在我們要學西方，皇帝是最討厭的，不僅討厭到皇帝，即如民主政治裏的大總統，亦說是一公僕。這又是西方人想法。我們為一家之僕，一人之僕還不易，如何來做一國之僕呢？現在卡特難道眞是美國人的僕人嗎？這只是他們嘴裏這樣講。我們對全一個國家，沒有一個可尊可親的政治領袖，這總不是這一羣人的幸福。這是中國古人的想法，不是今天中國人的想法。

中國俗話又說，「天高皇帝遠」。皇帝雖亦同是一人，但其政治地位高了遠了，就覺得並非可親。就拿今天我們臺灣來說，這樣小的地方，我們的「總統」可以說可親的了。他常常跑到各縣市各鄉村去，還到老百姓家裏去，同老太婆小孩子握握手抱抱，這該算可親了吧？但還不能是我們人人可親的，就像今天我們在座的，恐怕有許多位沒有同「總統」握過手，或許沒有見過「總統」的面。有尊而無親，豈不是人生還有一缺憾。所以我們天地君之下，還要有「親」。各人家裏有父母，這就各人有他可尊又可親的對象了。

六

我上次講，中國人做人為什麼叫修身呢？中國人的想法，不像西方人唯心哲學，唯物哲學，物質的，精神的，都分別講。有人說，中國思想偏近唯心論。但中國人認為每人總必有一身，所以中國人講做人就要講修身。人生便在此身上做起。沒有這個身，怎麼有這個人呢？這不又像是偏近了唯物論了嗎？這可見中國人想法，不能全用外國話來做說明的。

現在問這身從何來？不是由父母來嗎？中國人並不要每個人各自講出一番大道理來。西方人的邏輯辯證法，他們一人如此講，叫你不能不信。但他們說，「我愛我師，我尤愛眞理」。這就連你學生還得要不信你。中國人則我所講的由你聽，你覺得對不對，由你自己作主。孔子論語第一句就說：「學而時習之，不亦說乎！」不是孔子講你們應該學而時習，你們且去試試，你覺得開心不開心。中國人講道理如此講法，我們今天還要罵我們中國人不懂邏輯，不懂辯證法，所說的全是一番獨斷的話。孔子只是說他自己的感覺，由你來作批判，還不好嗎？所以孔子又說：「有朋自遠方來，不亦樂乎！」我講話總希望有人聽，所以有朋自遠方來，就不亦樂乎了。我們這樣一個故宮博物院，兩百人同在一起，不亦可樂嗎？你儘可搖頭說不樂，你要抱一個人主義，則我也無奈之何。但我們大家的身體總是父母生的，父母不該是可尊可親嗎？所以我們中國人說修身，最重要的是要孝敬父母。

現在我們中國人都用西方話來講中國。譬如說秦朝以前是封建社會，西洋的封建社會是在他們的中古時期，中國秦以前的社會，又那能和西方的中古時期相比。我們當時是一封建政治，有霸諸侯的齊桓公、晉文公、楚莊王等，這是我們都知道的。在各諸侯之上，還有一個僅擁虛名的東周天子。那時代的貴族豈是歐洲中古時期的堡壘貴族所能相比。西周封建開始有周武王、周成王，有周公制禮作樂。西方的封建時代有沒有？中國當時是一封建政治。西方封建社會是羅馬帝國崩潰以後產生的。中國有中央政府，怎麼能叫封建社會呢？那麼中國那時該叫什麼社會呢？西方人沒有這樣一個社會，西方人不來講中國史，他們講的是西洋史，當然沒有這樣一個社會的名稱。倘使我們要為此一時期的中國社會造一名稱，我想應稱為「宗法社會」。而中國的宗法社會，可以說直傳到今天。西方的封建社會，則到今天已不存在了。宋代的百家姓趙錢孫李周吳鄭王，這就是中國人看重宗法的遺傳。既重宗法，必然會看重家庭，所以我們特別看重「親」，即父母與天、地、君並稱。

今天我們中國最大的改變是就快沒有家了。今天中國的家庭都要西洋化。我常向人講，日本吉川幸次郎曾對我說，「中國人罵人說，你算個人嗎？這是中國文化的特點。」他讀中國書，可算得明白了中國文化。我最後一次同他見面，他又同我講兩句話，他說「我一生做錯一件事，不應叫我兒子女兒到美國去留學。我今只老夫婦在家過活，而兒子女兒媳婦女婿都在美國。時時記念他們，好不寂寞。」他可算還有一個中國人的情味。我在此地碰到很多朋友，兒女都在外國，但他們說我們儘可過活，不必要子女在身傍。這就近似外國頭腦了。我想中國情味與外國頭腦，至少亦是各有得失。中國人講父慈子孝，亦有一番人情味。那能說這就是封建頭腦呢？

中國社會特別看重家庭，一定要講個孝道。父母是我們最可尊最可親的。萬一我的父母不可尊不可親呢？像古時的大聖舜，父頑母嚚，但舜還是尊他們親他們，終於完成了他的大孝。他的後母亦為他感化。所以中國人說，天下無不是的父母。修身只是修你自己，你不能去修你父母的。現在我們就是不修自己，要修父母。說你是封建頭腦，封建觀念，這家亦就成一分爭的局面，不成一和合的局面。學生上學校，不能管學校的先生。你任一職業，不能管你的上司。最好管的是你家裏的父母。丈夫最好管的是太太，太太最好管的是丈夫。中國人一向最看重的家庭，現在是快要破壞了。全世界的人生中，今天的中國人恐怕是會最感到苦痛了。

七

再說中國人講天地君親的道理是誰，就是師。而中國人的「師」，是和天、地、君、親相配合，亦成為中國人可尊可親一對象。中國人說「作之君作之師」，這是天道。天為你造一君，造一師。在人羣中總要有一政治領袖。西方人後來亦知道了，但你是一個君，我要限你的任期，四年八年你就該退，臨時投不信任票，你亦該退。尊與親的情味是太少了。中國古代有堯、舜、禹、湯、文、武，那是何等可尊可親啊。到秦始皇以下，不能再像古史上的聖君，但中國人尊君親君的觀念，則依然保留着。至於師呢？孔子為中國至聖先師。朝代是要換的，而孔子至聖先師的地位則終不換。在中國社會裏，作師的，那一人能像孔子。但中國人尊師親師的觀念，亦終不變，論其程度，有的還在尊君親君之上。這是舉世所沒有的。

諸位來臺灣，那裏見有順治、康熙清朝歷代皇帝的廟，但孔子廟還是到處有。鄭成功是反清來臺的，臺灣成了中國的一省，受清朝皇帝的統治，但臺灣有鄭成功廟。除了孔子廟、鄭成功廟以外，還有吳鳳廟。吳鳳封為阿里山王，這豈是清朝皇帝封的？這就是中國人在治國之上，還有平天下的道理的明白證據。鄭成功為什麼要反清？吳鳳為什麼要殺身成仁？這都從師道孔子之道來。可見中國師道的尊嚴了。皇帝那有權力管得到此。而鄭成功和吳鳳地位，在臺灣人心裏，則更高在皇帝之上。現在我們讀中國書，都用外國的觀念來讀，這叫新觀念。就對這些事實便會講不通。

我再舉一點。中國名山大川名勝很多，名勝裏必連帶保存有古蹟。如泰山，歷代皇帝多來此巡狩，但現在只留李斯一個碑。其他有宋朝胡瑗同孫復在泰山讀書的古蹟。不只是泰山，又如杭州的西湖。南宋就建都杭州，西湖即當時中央政府所在地，但西湖沒有宋高宗、宋孝宗等宋朝皇室遺跡。有一個岳王墓，岳飛是宋朝的罪人，宋朝皇帝殺了他。秦檜夫婦的石像就跪在岳王墓前，秦檜是當時宋朝的宰相。宋高宗不跪在岳王墓前，就是中國人尊君的表現。有秦檜夫婦跪在墓前，亦就夠了。這難道又是帝王專制嗎？下面來元朝、明朝、清朝，有文天祥，有方孝孺，有史可法等人，他們都有碑有墓，供人流連崇拜，元、明、清歷朝皇帝亦都不能管。可見道流行在社會，遠高出於政治權力之上，這又是一明證。

講到岳飛，我們又連帶講到關公。我到臺灣來，臺灣除上面說的孔子廟、鄭成功廟、吳鳳廟以外，就要輪到日月潭的關帝廟。但日月潭亦並沒有一個皇帝的廟。抗戰時，我去雲南，經過河內，每一個中國人開設的咖啡鋪裏懸兩個像，一是孫中山，一是關公。香港是英國殖民地，我最初到香港，香港的警察局裏便供有關公神位。這是中國社會的一套，法國人、英國人亦不能管。我到巴黎去，大家瞻仰的就是拿破侖的凱旋門。拿破侖是在法國革命時期爬起來想做皇帝的，他兩次兵敗向外國投降，法國人到今還崇拜他。凱旋門之外，還有一個拿破侖的墓。拿破侖死了，本葬在一個島上，法國人想念他，又在巴黎建一衣冠墓。巴黎郊外又有凡爾賽王宮，第一次世界大戰後的和平大會，就在此召開。到倫敦有西敏寺，有白金漢宮，有國會大廈，代表神權、皇權、民權的諸建築都排在一起。美國華盛頓市容建設是學巴黎的，法院國會前一條大馬路，盡頭高矗着一個華盛頓銅像。外國人看重政治領袖，就算在現代民主政治之下，亦並不在中國人之下。中國歷史上一個朝代一個朝代換，皇帝的尊嚴亦是隨時變。有些處似乎還遠不如西方。現在他們說，他們在民主政治以前是帝王專制，我們亦就說從秦始皇以後我們全是帝王專制。這又如何來辯呢？

至於中國社會上的名勝古蹟，有歷代修建長歷兩三千年以上的，在西方看不到。例如華山有陳摶，陳摶並不是一政治人物，亦已經歷了一千年以上了。如此之類，不勝舉。可見中國社會實與西方社會有不同。帝王在社會上的地位，絕沒有西方這麼高。因此西方人要反帝王，要爭民主。中國人沒有這一套，只尊道統，不爭民主，這不該原諒嗎？

中國社會有中國社會的一套，我們不該儘罵中國人奴性，兩千年來只是一帝皇專制。又如揚州的西湖，因史可法遺跡而亦成為一名勝。史可法反滿洲政府，但滿洲皇帝並沒有來禁止揚州社會建造史可法的遺跡。這還不夠明白嗎？「天地君親」之下，有個「師」，由師來發明，來領導人遵守天道、地道、君道、親道，教育的地位還遠在政治地位之上。但到今天又變了，可以說我們今天只有在新式學校，像西方人般以教員為職業的，卻再不見社會上有像前清以上一般的所謂「師」，倘我們再要有師，便該由西方人來當。但西方只有宗教裏的牧師，沒有像中國之所謂師。這不是中西社會又一大不同嗎？

我年輕時，十八歲就做小學先生，那時的社會還知尊師。碰到婚喪喜慶大事情大典禮，學校先生送幅對聯，定掛在高地位。有宴席，學校先生定居上座，地方紳士以及富商們，都謙遜不敢坐學校先生之上。所以在我年輕時，還覺得做一先生是光榮的，是快樂的。戰戰兢兢，覺得先生不易做。今天則學校先生變成一低薪俸的職業了。我們不是說公教人員，或說軍公教，總之教是居了末位，不能和以前的天地君親師相比，這又是顯而易見的。韓昌黎說：「師者，所以傳道授業解惑也。」今天我們在學校做教師的，再不傳道。授業亦不是授傳道之業，解惑亦不解對於道的惑。我們亦可說韓昌黎的話又是全錯了。為人師的，又有什麼可尊可親呢？我們中國人講尊與親，是重在道義方面的，今天則重在功利方面去了。

我這一次所講是中國人以前的人生觀念。至於對不對，將來能不能再行，這要待此後的變了。倘使此後的中國人，仍然認為這些道理不可行，這當然就算了。我今天只勸諸位，古今時代不同，變了。生為今人，不必多罵古人。我的意思只如此，務請諸位原諒。

一二　中國人生哲學　第三講

一

諸位先生，今天我講第三講。我講中國的人生，並不是我有一套意見，我只希望講出一套近於中國從前以往的人生實相來。上一次我講天地君親師五個字，今天我想拿一本古書大學來講，講這書裏的身、家、國、天下四個字。

當然人生有各項專門的知識，專門的職業。可是人與人之間，總該有一套共同的方面，可以相互認得說得的纔是。

民初五四運動時，他們提出兩點，所謂「德先生」、「賽先生」，科學與民主。直到今天，我們還都講這兩項。但我要問，科學方面有沒有一本書，可讓我們大家共同讀的？科學愈分愈細，越跑越遠，你講你的，他講他的，講到後來，兩位科學家可以對着面無法相談。這總不是一件要得的事。講到民主，這是屬於政治方面的。今天的政治，儘可與昨天的不同。明天的政治，又儘可與今天的不同。這十年來的政治，豈不就與前十年大不同了嗎？有沒有一本書，來講政治，使我們人人可以共讀，又是必該共讀的呢？所以科學與政治，像是極具體，極現實，而很難使我們大家互相認得清，說得通，這就成為今天我們當前人生一大難題了。總而言之，人生總該有一「共通」方面纔得安。

西方有一本耶穌教的新約，不僅法國、英國、美國，全歐洲各國，從小到老，幾乎沒有一個人不讀這一部書的。這可算是他們一本人人共同必讀書。我們不能說西方文化只有好處，沒有壞處。特別自第一次第二次世界大戰以來，到今天，西方很多思想家，感到他們自身亦有缺點，須來提倡一種他們的新文化，來救他們的舊文化。但很多人最後總會想到他們的宗教，因為宗教纔是他們大家的，可以共同相通的。今天耶穌在西方的力量一天天的減了，所以他們想，只有復興耶穌教，纔對他們的起死回生，補偏救弊，可以發生大作用。至於我們中國呢？從來並不信耶穌。耶穌在中國人心理，斷無可使中國人心心相通的力量。若要我們中國人人人信耶穌，這恐不是幾十年一百年內可能的事。

我今天要講的，從前的中國人，有沒有像西方耶教新約般，有一本大家共同必讀的書。我就可以從這上面來講講中國人以往的人生。中國的論語，在漢朝時，已普遍成為識字人，一本人人必讀的書。初入小學便讀論語。那時的小學有三本人人共同必讀書，論語外，一孝經，一爾雅。直到南宋，朱子為幼童時，讀到孝經，他說，「不讀此書，不得為人。」但到後來，朱子年齡大了，他不再講這話了。不是不再講孝，他認為孝經一書不是孔子所講，是後來人所著的。孝經開頭說，「仲尼閒居，曾子侍。」怎麼先生稱其號仲尼，而學生卻尊稱為曾先生呢？孝的道理，論語也講，孟子也講，都比孝經講的好。提倡孝道，又何必定要讀孝經呢？所以朱子到後來再不提倡這書了。爾雅則只是當時的一本字典，備人翻檢的。

漢朝人到了大學階段，就讀五經。當時說，五經是周公所創始，孔子所編定的。亦可說中國的孔子，就等於西方的耶穌。中國有孔子，則至今已過兩千五百年，西方有耶穌，至今未到兩千年。不論他們所講的內容，中國古人總是大家崇拜孔子的。直到南宋，距離孔子時代已遠。五經比較難讀，於是朱子又提出四書來，教人讀了四書，再讀五經。朱子所定的四書，照時代講，論語孔子的，大學曾子的，中庸子思的，最後為孟子。而朱子教人，則先讀大學，次及論語、孟子，最後始讀中庸。可是大學實僅一短篇，中庸亦只分三十三章，兩書篇幅短，坊間印四書把來合裝為一本。所以人人進私塾，先讀大學、中庸，再及論語、孟子。這本非朱子之所定。而大學成為中國識字人一本人人最先共同必讀的書，則亦已是六七百年以上的事。我進私塾，沒有讀完四書，只讀到孟子滕文公章句上，此下是後來補讀的。我們有一句俗話說，「三年讀本老大學」。這是說，最蠢的人，上學讀了三年書，還在那裏讀大學。

今天我就根據大學來講一番中國人從前的人生。照理說，一個民族實在總該有一本兩本人人共同必讀的書。現在的問題是，今天以後，我們中國人還能不能仍有一本兩本大家人人共同必讀的書呢？這是我們當前的知識份子，所該深切考慮的一件事。我們中華民族九億人口，如果沒有一本兩本大家共同必讀的書，這對民族國家的前途相當嚴重。西方人有一本新約，回教民族亦有一本可蘭經，印度人我不知道，這些今天我不講，我是要從大學來講中國的舊人生。

二

大學有三綱領八條目，我今天只從八條目下面四項修身、齊家、治國、平天下，來講中國的舊人生。大學說：「古之欲明明德於天下者，必先治其國。欲治其國者，必先齊其家。欲齊其家者，必先修其身。」照着秩序連貫而下。大學又說：「自天子以至於庶人，一是皆以修身為本。」這即是論語所說的「吾道一以貫之」。

中國人從古到今，都講「修身」二字，這可說是中國人講道，即人生哲學，一個共同觀念。我小孩時，學校有修身課，我在上一次已講過了。但此後學校裏便沒有了，改為公民課。修身是教人如何講究做一人，公民是教人如何做一國家政府下的公民，這兩個意義是不同的。我們且不要來論其誰是誰非，但先該知道這兩者有不同。做一公民，你是一中國公民，但也可改做一美國公民，這是人的自由。但做人，中國人、美國人同是人，照中國人的道理講，便不該有兩種做法。這就無自由可言了。

今天人的觀念，中國例外，做了這一國的公民，便不該同時兼做另一國的公民，這不是在國之上更沒有一個共同的天下存在了嗎？所以外國人只講治國，不講平天下。在治國之上，再有平天下一項，這只是中國人如此講。而治國之下，又有齊家一項，亦是只有中國人講，為其他國家所不講。今天我們講西方文化，只舉「民主」與「科學」兩項。你既是這一國家的公民，你就可預聞這一國家的政事，這就是今天所謂的民主。但做一人，不能只講政治，再不講其他做人的道理。至於科學，當然更不講到做人道理了。這可見做人道理，實在只有中國人講，這就是修身。而齊家治國平天下，則從修身層累而上。換言之，齊家、治國、平天下，還是在做人的道理中，沒有離開了做人的道理而可以來齊家、治國、平天下的。再換言之，做人道理中，便該有可以用來齊家、治國、平天下的道理。沒有離開了齊家、治國、平天下，再另有一番做人道理的。

三

我講到這裏，我特別要講一點中國人講的家。家的組織，有兩個最重要的成分。首先第一是夫婦，沒有夫婦怎麼有家呢？所以中國人說，「夫婦為五倫之始」。第二纔及到父母子女。夫婦一倫，當然必和合男性女性而成，一為夫一為婦。父母子女，亦兼男女。所以中國人講做人，男人女人兩面同講。我常說，中國人講道理有正面亦有反面，有這邊亦有那邊。男性女性或可說是分左右兩邊，或正反兩面的。但左右正反共成一體。只是在一體中分，不是說可分為兩體。今天大家都講左傾右傾，中國人則要講中道，不左傾，不右傾，「執兩用中」。又說：「用其中於民。」這就把左右兩邊和合成一體了。又說：「一陰一陽之謂道。」陰是反面，陽是正面，陰與陽同是一個天。不能只有晝，沒有夜；只有晴，沒有雨。講到人，男性是陽，女性是陰，亦可說人道須合男女兩性而成。全世界人類沒有一處，是只有男人，沒有女人；或只有女人沒有男人的。所以做人不是一個人做的，至少要兩個人搭配來做的。一個男的一個女的結為夫婦，做人道理纔由此開始。

我在小孩時，便聽人講，中國人重男輕女。這句話直到現在還有人講。我真不知道這句話是從何講起。試問我們從來的中國人，是不是只看重父親，不看重母親的？又是不是只看重兄弟，不看重姊妹的？照中國人講法，男人女人同是人，夫婦、父母、兄弟、姐妹同是一家人，大家相親相愛，這纔叫做「齊家」。如何來做夫做婦，做父做母，做子做女，做兄做弟，做姊做妹，這則是「修身」。我想全世界人，沒有像中國人這般看重女性的。舉一個證據，你拿一部二十五史來看，中間講到女性的有多少。我想至少有百分之十到二十。而那些女性，絕大部分都不牽涉到政治事業。這是全世界其他各國歷史記載中所絕對沒有的。

我再舉一例，春秋時代晉公子重耳，因國亂逃到狄國，娶了一妻，名季隗。他後來又要離狄逃亡他國，他對季隗說，請你等我二十五年，我不回，你再嫁，好嗎？季隗說，我今已二十五歲，再等二十五年，我快進棺材了。你放心，我會等你一輩子。重耳又逃亡到齊國，齊桓公亦妻以一女，為齊姜。重耳很安樂的在齊國住下了。他的從亡者，一天，在一大桑樹下商議，如何讓公子離開齊國，再往他處去。他們說的話，給在樹上採桑的丫鬟聽見了，那丫鬟就是齊姜身邊服侍齊姜的。回去告訴齊姜。齊姜便把那丫鬟殺了，勸重耳趕快離去。重耳終是不捨得離去，齊姜再與他的從亡者商量，把重耳灌醉，載上車，離開了齊國。

在重耳出亡的故事裏，便連帶寫上了兩個女性。季隗在重耳離去，肯終身不嫁，使重耳安心。齊姜又灌醉了重耳，逼他離去。第一個肯守寡，第二個肯與夫生離，他們兩人都犧牲了自己的終身幸福，為重耳前途謀。後來重耳由秦返晉，做了國君，就是晉文公。城濮一戰，打敗了楚國，繼齊桓公而霸。齊桓晉文是關係春秋時代歷史上的兩位重大人物。沒有他們，天下變了，下面怕亦不會有孔子。此下的全部中國史，怕會完全不同了。上述的兩位女性，肯不顧夫婦私情，讓晉文公有他的前途，這不是兩位賢妻嗎？這亦就是她們兩人的修身了。又不是和治國、平天下有着連帶關係嗎？亦可說，她們兩人對此下的中國，二千六七百年來，有她們重大貢獻的。我們的史書像左傳，像史記，都把她兩人這兩件事詳細記下，這亦算是看輕女性嗎？諸位試去讀一部左傳，像季隗、齊姜這樣的故事還多。這可見中國人中女性的偉大，女性的貢獻。這亦就是中國人平等看待男女兩性的成果。這是世界其他各國不能望其項背的。

或有人會說，季隗、齊姜為重耳如此般的犧牲，重耳返晉為君，史書上對她們兩人的下文並無詳細記載，這還不是中國史書的重男輕女嗎？但史書是記載有關國家民族的大事，並不能詳細寫每一對夫婦的悲歡離合。晉文公之為人，自有他的缺點。所以孔子論語上說：「晉文公譎而不正。」這些事可待讀史的自作評論，那得再由史書來詳細記載呢？

我再講一故事，明陶宗儀輟耕錄有妻賢致貴一則，載南宋興元路張萬戶家，有俘虜多人，賞一女俘給男俘程鵬舉為妻。結婚三日，女告其夫，看你才貌非凡，趕快逃離此地，否則常為人奴，豈不可惜。程鵬舉疑心她為張萬戶作試探，把她說的話告訴張萬戶，她受了一頓毒打。過了三天，她又勸丈夫逃走。不料她丈夫又去告訴張萬戶，張萬戶便把她出賣了。夫婦臨別，她把腳上一隻繡鞋，換了丈夫一靴，哭指着說，我們靠此再相見吧。程鵬舉感悟了，終於逃歸南宋，做了官。後來又轉入元朝，做到了陝西省參知政事。他從張萬戶家逃出時，年僅十七八歲。現在相隔三十多年，但尚念其妻，並未再娶。派人去興元路買他妻的那家去打聽。他妻自賣到那家後，夜間從不脫衣而臥，把半年來紡織所得，贖回自身，轉入一尼姑庵為尼。程鵬舉所派人又尋到尼姑庵，拿出隨身携帶的一鞋一靴來，纔知那尼眞是他的主母。請她同到程鵬舉任上去，她拒絕了。後來程鵬舉又特派人來迎她去陝西，重為夫婦。

這一則故事中的女性，連姓名也不知，只知她亦是一官宦人家出身。她的故事乃與兩千年前晉公子重耳之妻齊姜同一心情。固然程鵬舉的事業成就不能與晉重耳相比，但他能三十年不再娶，這就又勝過了晉重耳。中國人的人情味眞是可貴呀！後來柯劭忞寫新元史又把此女故事載入，又有人把它編為平劇，取名韓玉娘，由梅蘭芳演出。國人愛看京戲的，幾於無人不知。

中國的文學就是人生，也可說中國的人生就是文學，所以纔可把眞實的人生放進文學裏去。西方的人生不能成為文學，所以他們纔編造好多故事裝進文學中來。他們多講男女戀愛，但那有像中國般的夫婦愛情呢？而且又多牽涉到國與天下的大局面上去的呢？諸位要瞭解中國人生，亦該去看看中國的平劇呀！像韓玉娘，雖然平劇中把故事略有改動，但大體還是眞實的。

說到平劇，我再舉一齣三娘教子來講。三娘的丈夫姓薛，娶了一妻二妾。他因公出門，有人謊報他死了。大娘二娘改嫁了，二娘留下一子。三娘因念薛家只此一脈，不忍離去，立志把此子扶養長大。一老家人亦留陪不去。三娘以紡紗織布維生，送子上學，管教很嚴。有一天，同學譏笑那小孩不知三娘不是他的親生之母。小孩聽了，回家後對三娘很不禮貌。三娘教他背書，他不背。於是三娘命他跪在地下。戲裏的三娘，一路唱着的教訓她兒子。本來訓子只要幾句話可盡，中國戲的妙處正在這裏。三娘的唱，迴腸盪氣，可歌可泣。人生有好多情味，語言表達不出，便把歌唱來代替。這尤是中國戲的特殊處。幸有那老家人前來解圍，使母子重歸於好。這一齣戲，除三娘外，老家人亦要唱，小孩子亦要唱。一段簡單的故事，唱得臺下聽眾留在腦際，可以久久不忘。結果這小孩長大了，考試中了狀元。他父親亦立了大功，升了大官，回來了。富貴團圓一場喜劇。而劇中最動人的，還是那三娘教子的一番唱，戲劇中便涵有了一段甚深的悲劇。這眞是對人生一好教訓。近代國人又說，我們中國人只懂大團圓，喜劇。不能有像西方般的悲劇。這眞可說不懂中國人的人生理想。中國俗話說，苦盡甘來。難道定要成為悲劇，纔是有意義有價值的人生嗎？

這戲與韓玉娘不同，韓玉娘是做妻子，三娘是做母親。這故事到底有沒有，且不論。但與孟母教子不一樣嗎？與岳飛的母親教岳飛，不又是一樣嗎？不過我們唱戲，岳母刺字與三娘教子都唱，而孟母斷機訓子比較不大唱。因為孟子是個亞聖，所以我們少把來在戲裏唱。連岳母刺字，亦比三娘教子少唱。因岳飛亦是一武聖人。可見社會平常人有動人故事，更受大家歡迎。中國人生深處，亦在這裏透露出來了。所以我說，中國人生是文學，是道義，又更是藝術。這種藝術表現在那裏呢？尤其是表現在我們的家庭。而中國人的家庭，尤其重要的是「賢妻良母」。沒有女性，又怎麼成家庭呢？

我還要講到梅蘭芳。在對日抗戰前，他到美國去唱戲，這是當時一件大事。為要美國聽眾瞭解，臺上用幻燈打出英文翻譯，每一聽眾各給一份劇情說明，並附唱詞和說白。梅蘭芳扮演打漁殺家中的女兒，說：「爸爸怎麼說，女兒當然照爸爸話去做。」臺下兩個美國老婦人聽到這裏，指着臺上說，我們倘有這樣一個女兒，該多開心。可見中國人的家庭生活，外國人又怎麼樣的羨慕啊！中國戲劇說不盡。再講一齣武家坡，王寶釧苦守寒窯十八年，有人在英國倫敦把此故事改編為英語劇演出，英國人喜歡滿意，那人亦就出了名，成了一文學家。其實西方的話劇，那能和中國以歌唱為主，有說不盡的人情味的平劇相比呢？

以上從中國戲劇來講中國女性，分從多方面講，已講得太多了。但還是講不盡。即如做丫頭女婢的，如西廂記中的紅娘，如白蛇傳中的小青，至性至情，亦足使人嚮往，敬慕不已。但我只能到此而止了。

今天一般的中國人不讀舊文學，連平劇亦不懂欣賞，又何從來談中國人生呢？有一位從美國回來的訪問教授，也去聽平劇，和我在戲院裏碰見。他說：「平劇只得算是地方戲，那能叫國劇。莎士比亞的劇本中的故事，西方原來有，由莎士比亞改編，就成了大文學。我們中國就沒有人把這些戲劇來重編一番，就不能同莎士比亞相比，亦不能稱它為國劇了。」這位教授所說，依然只在說中國比不上西方。他不懂中國社會同西方社會不同。中國的戲劇，本不在中國文學裏佔高的地位。但已有此造詣，而他不懂欣賞。專根據外國情形來批評中國，只可說他對中國是無知了。

近代我們亦有根據舊文學來編成戲劇的，即如孔雀東南飛一劇。我已講過中國戲劇中的女性，做太太的，做母親的，做女兒的。孔雀東南飛則是講一離婚故事的。但中國人的離婚又和西方人離婚情況大不同。諸位讀孔雀東南飛的詩，或去看孔雀東南飛的劇，便可知道。

我再講一首古詩。「上山採蘼蕪，下山逢故夫，長跪問故夫，新人復何如。」這亦是講的離婚故事。那婦人被離婚，過着如此清苦的生活。但她遇見了舊時的丈夫，她還如此般的多情多禮，悱惻纏綿。若由外國人來寫，他們如何結婚，如何離婚的經過，必會詳細寫出，交代明白。他們是重在「事變」上，我們中國人則重在「情義」上。只此短短二十個字，就何等耐人去玩味呀！這就是中國人的人情味，亦就是中國的人生哲學了。把如此的人情來講求人生，自然女性的會更勝過男性的。這又如何說得中國人是重男輕女呢？

我再要講一個做嫂子的。唐代的大文學家韓愈，父母早亡，由他兄嫂扶養。但，哥哥亦早死了，韓愈仍然依他寡嫂，長大成人。除韓愈外，他寡嫂還有一子，一家三人。韓愈學成，赴京投考，忽然他的親姪又夭亡了，韓愈有一篇很出名的祭十二郎文。粗心的讀者，只想到十二郎，卻沒有細想到他的生母，韓愈的寡嫂。韓愈成為中國唐代以來第一個大文學家，影響中國其下歷史的多方面，這豈不他的寡嫂亦有了很大的功勞嗎？所以說，修身、齊家、治國、平天下一以貫之，連女性亦在內。這是千萬不可忽視的。

四

我上面講中國人生，多講了齊家，多講了女性。這亦有緣故。因中國人生重情感，西方人生重事業。中國人生重在內，西方人生重在外。要請女性到社會上來求富求貴，爭權爭利，當然比不上男的。要使女的來當政治領袖，作三軍統帥，亦自會遠不如男的。但專講做人道理，要把一己的情感充分發揮，使人羣相和相安，滿足快樂，則女性的貢獻或許會勝過男的。中國人在齊家以上，還有治國、平天下，當然以男性表現為多。然而正本清源，把一陰一陽之道來講，女性自不可忽。我此次所講在中國人生之大本大源處，在每一人之德性上，在每一人之情感上。我這一講，多講了女性，自然有些偏。但諸位善加體會，從此尋向上去，自然不會錯。

現在再從齊家講到治國、平天下。大家都說治國、平天下必該有人才。清末曾國藩的原才篇說：「風俗之厚薄奚自乎，自乎一二人之心之所嚮而已。」這是說，人才源於風俗。風俗厚，人才出。風俗薄了，人之有才，反多為害不為利，就算不得是人才了。現在我們試問，風俗從那裏厚起呢？還不是要從家庭，要從賢妻良母，要從人的一生，從幼小到長大成人，有一個溫暖和愛的家庭厚起嗎？一個女性在家，豈不亦有她的心之所嚮嗎？清初顧亭林說：「國家興亡，肉食者謀之。天下興亡，匹夫有責。」我們正亦可說，天下興亡，匹婦亦有她的責呀！滿清入關，顧亭林終身不仕。他就說，他的不仕滿清，正為奉他守節寡居的嗣母的遺教。則女性的有關治平大道，天下興亡，不又是一證據嗎？

孔子論語說：「志於道，據於德，依於仁，游於藝。」若專從外面事業來講，則如今人所高談的民主呀！科學呀！其實還只限於孔子所說游於藝的最末一項內。如我們今天大學教育，各門各科，像哲學、文學、政治、經濟、物理、科學等，其實都還是一藝。要講依於仁，據於德，從人的性情來講，則我此講，我自謂較易顯出其涵意。而志於道一項，所謂人生大道，亦就由此顯出了。現在我們又要提倡男女同校，務使男女雙方接受同樣一色的教育，將來都到社會作同等的活動，這又和我們中國以前人的人生理想，人生哲學，有大不同了。

時間有限，講得太簡略，敬請諸位原諒。

一二　中國人生哲學　第四講

一

我這四次的講演，我很抱歉，沒有什麼特別的理論心得，只是隨便談談。第一講是講我們中國的現代人生。我們希望所謂現代化，西化美化，一切學美國人，這是學不成的。這是我第一次講的大意。第二第三講，我是講從前的中國人生是怎樣的。今天第四講，我要講講明天的中國人該怎樣。這一次只能講一些我心裏想的，不能像前兩堂舉着些實際的事情來講。

實在我們過今天的生活就應該考慮到明天。我們不懂得明天，不想到明天，怎麼過今天呢？這是不可能的。過一天算一天，這不叫人生。我們應該要知道有明天，顧慮到明天，纔來過我們的今天。明天我們中國人的人生應該是怎麼樣的？我記得在二十多年前，我在香港，有一美國人特地來看我，他說，你在香港辦一個學校，得到美國耶魯、哈佛兩個學校的補助，你認為香港是個安全的地區，還是並不安全?他的意思，認為香港是不安全的。我回答他說，現在的時代，什麼地方都不能說是安全。可是比較講來，香港總比美國要安全些。他大出意外，問：「你這話怎麼講?」我告訴他：「現在的世界是一個動亂的世界，可是這種都是小的動亂。倘使要有大的動亂，只有一個，就是第三次世界大戰。第三次世界大戰當是你們美國同蘇維埃的戰爭。這個戰爭一定是一個原子戰爭。你們美國的原子彈拚命向蘇維埃扔。蘇維埃的原子彈同樣拚命向你們美國扔。香港沒有資格讓你們兩國扔原子彈。」他聽了我這個話，完全以為然，不出聲了。可是這還是二十幾年前的話。到現在，我二十幾年前講的話，卻愈來愈近情了。

其實遠在我們對日抗戰時，在昆明西南聯大的教授們辦一雜誌，名戰國策，就先已講到第二次世界大戰結束後，還會有美蘇對抗的第三次世界大戰興起。不過在當時，只是一種憑空想像的講法。即連我二十幾年前在香港時，對那美國人所講，亦只是一種憑空想像的講法。可是今天則事態逼眞了。至少下面的五年十年可能引起美蘇戰爭。照我的看法，不只十分之五的可能，或許還在十分之五以上。當然我們要看今年美國的大選，明年美國的總統換新的還是舊的。再看蘇維埃，我對蘇維埃知道的太少。總之，在美國、在蘇維埃，雙方都在變。這個戰爭可以從緩，可以拖延，可是絕不能根本上的解消，說下面的世界是和平了，絕不戰爭了。這句話，至少須待五年十年以後，看情形再可說。在這五年十年以內，怕總不能說世界絕無戰爭。而這一戰爭，必是一場大的原子戰爭。我們應該想一想，萬一這五年十年內，眞有美蘇原子戰爭，我們臺灣雖可不吃到原子彈，但要安安頓頓的過，亦不容易。還有世界其他的一切變化。不論國家、不論民族，單論我們個人的生活，人生總該有番考慮呀！不能說是過一天算一天，這是第一點。

還有第二點，我想中國總還是一個中國，總不能像今天般，兩個政府，只隔一個海峽，永遠的對立下去。我想最近將來，中國總是會統一的。或許在五年十年以後，這要看世界大局的變化。我們中國一時總脫離不了美國關係。中國問題同時亦就是美蘇問題。今天我們兩边，一個就是馬、恩、列、史的共產黨政府，毛澤東開始就叫一面倒，倒向蘇維埃。我們這裏的政府，就是要民主政治，總算得是親美的。今天大陸變了，同蘇維埃隔離了，大批的留學生派到美國、歐洲。世界上的共產國家，只有我們大陸這樣做，沒有第二個。那麼下邊的大陸是不是也要變向美國一面倒了呢？這還沒有定。倘使這樣，那麼我們兩边同算得是親美的了，當然會合併。倘使不這樣，第三次世界大戰後，美蘇兩敗俱傷，美國不可靠了，蘇維埃亦不可靠了，那麼我們的問題亦就解決了。當然會和平統一。

我這番話，在前兩年，我到香港新亞書院去作講演，就已曾公開的講過。我當時亦只說在五年內，現在過了兩年，到今天還說在五年十年內，這是無法確定說的。諸位總要考慮，倘使到這一天，我們今天在座的十位中至少怕會有八位要回到大陸去。不僅大陸人會回大陸去，臺灣人亦會到大陸去。縱然不是五年十年，在諸位的畢生中，我想總會有這一天。你今年三十歲，四十、五十、六十、七十，或許你在大陸過。你今年五十歲，或許六十、七十，你在大陸過。這是諸位一生中必然會有的現實人生，總不該不早有考慮吧。可是這就是一大問題。

二

我們在臺灣，每一個人，除了懂得臺灣，或許有十分之五，乃至十分之五以上的人，都懂得一點美國。而且我們今天的人生，實際上已是美國人生，不是中國人生了。不僅做出來的，即就在腦子裏想的，亦是這樣。諸位不信，諸位看報看電視看雜誌，一切思想言論，仔細一想，亦就明白了。

至於我們對大陸呢？三十歲的人，生在臺灣，可稱對大陸什麼都不知。四十的，從小就來到臺灣，對大陸所知亦太有限了。那麼有一天回到大陸，不是到了一個毫無所知的世界上去了嗎？而且這個世界是我們大家所看不起的，亦可說是我們不願意去的，而竟然去了。下面的人生又該怎樣呢？當然我們今天在座的有年齡大的，但一般說來，看輕大陸，不願意去大陸，亦似乎和年輕人一般。然而到底我們大家仍得回大陸去。這不是我們今天一絕大的人生問題嗎？這是現實人生的問題，不是哲學思想的問題。至少今天在我們的腦子裏，要考慮到這兩個可能。倘使你腦子裏考慮到這兩個可能，你今天的人生就會不同。現在我們是有一天過一天的人生，所以不會想到我上面所說的。

我再進一步講，這個世界怎麼會到今天這個樣子？我說我們不知明天，就不知今天。現在我再要講，我們不知道昨天，亦就不懂得今天了。這是中國人的人生哲學，要把一輩子從小到老，整個的生命，全部都打算在內，纔能知得一正當的人生。不僅自己一輩子，父母子孫，一個家、一個國、一個天下，亦都要打算在內，纔知得一最高正當的人生。不是私人的，一段一段的，過一天算一天，就算得是人生。而且就是這一天，還要抗議，要求變求新，不肯安定的，在這一天上過。那麼連這一天都沒有了。其實西方人並非這樣，英國是一個英國，法國是一個法國，他們亦一千年到今天了。而且全部的西方人，他們還都常念到希臘羅馬，西方人有他們西方人的歷史傳統，在他們的腦子裏。而我們求變求新，則要把以往的五千年歷史全部勾銷，來學西方。但又只能學西方的今天，總不能回頭來學西方的全部歷史。這樣下去，中國究竟將要變成個什麼呢？這眞值得考慮呀！

我且再講一講美國。我拿我自己八十年的經驗來講。我生在前清的乙未年，前一年是甲午。我小孩時，就有八國聯軍打進中國來。有英國、法國，有德國、日本、俄國，美國只是跟在後邊的，不重要的。其他各國都早同中國有關係，有侵略地，有租借，美國沒有。所以當時中國人的心裏，恨的是英國、法國、日本、俄國。還有一個德國，這事件是由德國開始的。美國不在內。庚子賠款，八個國家一國一份。忽然美國人把這份錢退還中國，教中國人派留學生去美國讀書。這還了得，當時中國人的心裏對美國是應該和對英法諸國大不相同了。當時的美國，在世界列強中，最多算得是第二流，或許只能說是第三流的國家。可是世界第一次大戰興起，美國參加了，他便一躍而為世界第一流的大國。到第二次世界大戰，美國又變成中國最親密的戰友，而他又變成了世界第一大強國，這是全世界公認的。

但美國人在西方歷史中論，是不成熟的。我們只舉一點，第二次世界大戰後的歐洲，像意大利，像法國，甚至於像英國，許多國家社會不安，共產思想之猖獗，美國人化多少錢，完全由美國一手救的。而且美國從頭到尾，絕不想做一帝國，絕不要滅亡人家的國家來做他的領土。但實在講來，美國人亦不懂得如何來做世界第一大強國，如何來做全世界的領袖。他們遠離了文化大傳統歐洲本土，已有四百年。每一個人，當他在艱困中，則易於做人。當他得意了，做人便難。所以人生的失敗，常在得意時。美國今天是得意了，得意了該怎麼辦?這是中國人講人生最所注意的一點。

我們大家希望得意，不希望失意。然而中國人不教人追求得意，只教人得意了，要加倍小心謹愼，防有失意事來臨。這是中國從古到今，講人生很看重的一點。美國人似乎不懂注意到這一點。好像可以為所欲為，我要怎樣就怎樣。而他要的，有些卻不是為他們私的。是為人家，不是為自己。我舉個例，像如南北韓戰爭，美國出面來幫助南韓，世界景從，成了十九國的聯軍。這眞如泰山壓頂，不僅北韓不能抵抗，毛澤東出兵幫北韓，又那能抵抗。但美國人卻不用全力，連一座鴨綠江大橋亦不派飛機去炸，儘讓毛澤東軍隊源源不絕地渡江而來。美國人好像在想，他們自己是不會失敗的，然而終於失敗了。在三十八度線的板門店，吞聲下氣地講了和，使美國眞成了一毛澤東所說的紙老虎。倘照物質條件來講，美國是不會失敗的。但照精神條件來講，人家拚死出全力，美國連一半力量都沒有使出。他們實在是太得意了，認為要這樣就這樣。世界上那有這般容易事呀！

但美國人並未覺悟到此，南北韓戰爭停了，接着就來南北越戰爭。越南的舊主人法國，已經退出不再過問。美國人卻又出頭來援助南越。然其他各國不再像韓戰時那般踴躍出兵，只讓美國獨自來擔當。美國人亦仍不用全力，一次一次的加兵，但決心不打進北越去。他們只要打一不求勝利的仗。他們既不求勝利，那麼又只有歸於失敗了。

諸位當知，這世界天天在變，刻刻在變。以一個世界第一大強的美國，可以先敗於韓，後敗於越。而蘇維埃在背後，則始終並未明白露面。只有我們在臺灣的中國人，直到今天，還認為美國是世界第一大強國。只有它可以為所欲為，是可以依靠的。而美國人，則連他們對自己的信心亦失掉了。義務兵役取消了。他們大概想，從此以後他們是只要和平，不再要戰爭了。這眞是當前世界一件大事呀！

歐洲人自普魯士開始，全國皆兵，義務兵役是他們一件極大的事。我小孩時，我們中國人稱讚歐洲人的義務兵役，罵自己國家連戶口册子都沒有，你國家有幾個壯丁都不知道。其實這亦算得是清朝一德政。他們不再抽人丁稅，所以亦不再要調查戶口了。那就更不要講義務兵役了。我從知讀書，就知道義務兵役中國從秦朝漢朝就有。其實秦漢前周朝已早有，這較之歐洲近代的義務兵役，又早了兩三千年。但今天我們中國人卻閉口不講，這究竟是知道，還是不知道的呢？漢朝的義務兵役到唐朝變了，還是義務兵役。漢朝是全農皆兵，唐朝變為全兵皆農。實因為中國地太大，人太多，斷不需要全國皆兵了。這又怪中國什麼呢？到宋朝，乃有「好男不當兵，好鐵不打釘」的說法。這可見，中國人亦是一路在求變求新呀！

三

我上面說過，五年十年後，我們可能回大陸去。到那時，我們不論是何地位，至少都像是富人跑進了窮國。我們最重要的，便不該覺得是得意，是出風頭，抱有一分驕心傲態。今天大陸人民的生活是如何般的艱苦，但我們回去主要的不是面對物質，面對電燈自來水，而是面對人。而且所面對的，是中國人，同是炎黃子孫，是我們的同胞。我們不該把勝利者的姿態，異國人的心理，來面對他們。我們回到大陸，總不能說，你們全錯了，都不對，你們不知道人家美國是怎樣的。我們回到大陸，第一該懂得「謙虛」，第二該懂得「憂患」，第三該懂得「謹慎」。我們回大陸，不是安樂的開始，乃是憂患的開始。要懂得如何和大陸同胞來共其憂患，來謀求國家民族的百年大計，長遠的前途。這樣的一番大責任，不是今天就早該憂患着嗎？所以我說，諸位在今天就該顧慮到明天，五年十年很快就來，那時眞是天地大大變了。

我的意思，與其你到華盛頓、到紐約，去住一段時候，或是旅行一番，你認為可以享受一些快樂。你還不如定下心來，拿我上面所舉如論語、孟子、易經、大學、諸葛亮集等幾本中國古書好好去研讀一番。把中國古人教人如何做人的道理如謙虛呀、憂患呀、謹慎呀，好好放在心上。這不僅對我們個人，而且對我們國家民族大前途，定會發生一番作用的。因為我們到底是個中國人。諸位千萬不要認為昨天的過去了，我們要講明天了。這個觀念，中國人講人生絕不這樣講。我們的今天，還是該保存有昨天，還要連帶及於明天。這是所謂人的一生。若使昨天已過去了，今天又要過去了，只有明天。但明天很快就會是今天，又會成昨天，亦會很快的過去。這人生不是全部落空了嗎。

我這匆匆四次的講話，言有盡，意無窮。一切講不盡的意，留待諸位自己體會，自己考慮吧。還請諸位原諒。完了。謝謝。

（一九八〇年台北故宮博物院連續四次講演）

一三　人之三品類——桴樓閒話之一

一

人應可分三品類：

一曰時代人。

二曰社會人。

三曰文化人。

生此時代，則為此時代人；居住此社會，則為此社會人；受此社會傳統文化之薰陶，則為此文化人。此三者似乎是一而三，三而一，無可細作分別。但就其人之畸輕畸重處加以品評，亦確有此三類可分。

試就婦女界言，尤其在大都市，熱鬧街衢上，大集會，大的交際娛樂場合，每見得一批婦女，服裝、打扮、交接應對、動作儀態，無一不表示出一套摩登氣派。有外地旅客驟到觀光，此派婦女最易招惹觀瞻。此乃社會一朶花，一種最名貴的點綴與裝飾，使外地人獲得對此社會一番活潑的刺激，生動的影像。此一派婦女，我稱之曰「時代性」的婦女。此便是婦女界中之時代人。

時代性的婦女，浮現在社會外層，在一社會中，並不占多數。多數婦女，則常在家庭中操作，烹飪灑掃，洗滌縫剪，種種雜務，多由其任勞。出外則或任學校教師，或在醫院中當看護或醫生。或在公司商店、工廠中，當種種職員乃及政府官員等。此等家庭婦女以及職業婦女，我都把來歸入「社會婦女」之一類。此類婦女，處在社會之內層。並不惹人注目，但卻是社會之中堅。

其中更有傑出的，立德立功立言，名垂青史，各時代、各職分中都有。這些婦女，都受了此社會文化傳統之極深陶冶，代表着此一文化之精英。此類人在三者中占最少數，但極重要。雖不能多有，卻不可沒有。我特稱之曰「文化婦女」。此便是文化人。此乃一社會之靈魂。一社會之眞實生命，即在此類人身上。

又試以建築為喻：文化人乃此建築中之棟樑柱石。社會人乃此建築中一切磚木，一切建築材料。時代人乃此建築外表之粉飾雕繪。三者缺一不可。有了棟樑柱石，始能支撐得起此一建築，但尚不能便成為一建築。須待很多磚木材料共同湊合，來完成此建築。建築成了，亦必須加以粉飾雕繪。外面金碧輝煌，裏面清雅高潔，纔使人心悅而居安。

二

文化人又像可稱之為歷史人，其實不然：因在歷史人物中，能當得起文化人物的名號與價值的，依然不多。又且文化人亦不盡入歷史。如顏淵不見於左傳，屈原不載於通鑑。此等最高的文化人物，有時史籍，限於體例，反而擯棄不載。有些也只偶然提及，不占歷史甚大篇幅。但不見於歷史記載，仍可無損其為一文化人。此則待識者識之，來為之表揚，加以崇重，此乃社會人之責任。

大概最受人注目的，還是一些時代人。舉例言之，自宋以下科舉中有狀元，眞是極一時之榮華。不僅光宗耀祖，亦為鄉里生色。但夷考其人，有些並無建樹，並無貢獻。他在社會中突出了，但要算他為一社會人，其實亦不夠格。一朝瞑目，聲名澌滅，虛過了一生，尚不如一平常人。此等時代人其能名登史籍的，也並不多。只是一時煊赫，只得稱之為是一時代人。

又如帝王時代之宰相，在一人之下，萬人之上，位極人臣。豈不顯要。但有了政府，設了官階，總是有宰相。其中無功績無表現的甚不少。此類人，對社會不僅無好影響，反多壞影響。即要算他作一歷史人物，有些也不夠格。有些則是在歷史中之反社會反文化人物，其距離文化人物之標準太遠了，但不能不說他是一時代人。

凡屬烜赫一時的人，有些是譁眾取寵，欺世盜名。有些是因利乘便，適逢其會。有些是巧奪豪取，攘竊覇占。有些是庸庸碌碌，福澤所鍾。形形色色，若要細為分類，也實在分不盡。有權有位，有名有勢。被人側目，受人羨視。有些是少一人與多一人，對此時代，實無關係。叫別一人來替換了這一人，也無關係。一時烜赫，其實只是一虛影。但這些尚是好的。有些在他當時或不易覺察。在他身後，壞影響、壞風氣，卻可歷時抹不去。這些人則實在要不得。因此時代人與社會人、文化人不同，寫入歷史，又是另一會事。這中間良莠不齊，邪正淆雜，使我們不可不嚴加區別。

若就我所提此「時代人」之一名辭而言，其普通意義，則人人該是一時代人。生在這時代，便是此時代人，誰也逃不脫。以前的讀書人，誰也須做八股，應科舉。近十年來的婦女界，誰也得穿尖頭鞋。鞋不尖頭，在鞋舖中已絕迹難找。但做一時代人須知能適可而止最好，不要太熱中。祖母的摩登，給她孫女兒見了會惡心作嘔。人不百年，而在此百年之內，時代不知會變幾多次。最忌是做時代人中之尖兒頂兒，鋒頭太健，反而對己對人，有損無益。如做一個時代著名的交際花，便會傷害她做一社會婦女之職責。點中了狀元，反不如進士、舉人、秀才，他們將來的地位可高可低，他們將來的事業可大可小，轉可以隨量貢獻，易有成就。對社會總可有些好處。點中了狀元，他的活動範圍轉狹了，要對社會有貢獻轉難了。易經上八八六十四卦，每一卦的上爻，總是多吝多悔。乾卦上九，「亢龍有悔」，那正是指時代人物言。若聖賢進德修業，羣眾人庸言庸行，都沒有所謂「亢龍」之象。「魯人獵較，孔子亦獵較」，我見極多的社會婦女，同時儘不妨是一個時代婦女，只不是時代婦女中的尖兒頂兒而已。孔子聖之時者也。一文化人，必然同時是一社會人，又兼是一時代人。即如近代孫中山先生，亦是三者兼於一身，而又各占其極。但亦有例外。如東漢孟光，肥醜而黑，力舉石臼，布衣操作，三十不嫁。卻揚言得夫當如梁鴻。鴻聞其賢而娶之。鴻本人，高歌五噫，逃隱吳郡。他們夫婦，在當時，都像不要做一時代人，但卻應同列為文化人，而且也是文化人中之高者。其名不僅照耀史册，抑亦傳誦後世，直到近代，至少我們無錫人，無不知梁鴻孟光。梁溪之名，即從梁鴻而得。我家距梁孟隱居處不到兩里。一小山稱鴻山。每逢清明，鄉人競往祭掃瞻拜，到今兩千年不衰。鴻山更早是吳泰伯所葬。吳泰伯三以天下讓，避至荆蠻，民無得而稱。在當時，他亦不是一時代人，那能與王季文王相比？但就文化人地位論，至少應在其父太王、其弟王季之上遠了。我鄉人崇祀吳泰伯墓，則已超過了三千年。此類人在中國，遍地古今皆有。中國文化之深厚偉大，此類人實是一絕大因素，因此在文化傳統裏，占有絕高地位。

三

中國文化傳統，提倡「中庸」之道。我舉人之三品類，社會人則正是些中庸人。由他們中間，產生出文化人與時代人。時代人後浪逐前浪，跟着時代潮流，淘汰翻新，沖刷而去。文化人則是不廢江河萬古流。其實此萬古不廢之江河大流，還應歸在社會人身上。文化人也即在此社會人中，不過後推前引，對此大流之動力，發生了更大作用而已。因於此流之動力大，流量深，流程遠，自然不免波濤迭起，魚龍混雜，也足為此大流生長聲勢，激盪變化。有些則轉成了逆流，有些則播散為支流，但都敵不住此大流之滾滾直前。因此那輩時代人，其中一大部分，我們也不該鄙視，也不用反對。只貴因勢利導，納之正趨纔是。

以上我分別了人之三品類，我們能心知其意，自能對各個人自己立身處世之道，有個斟酌選擇。若要主持社會風氣，領導教育重任，更應心知此三分類。方可品評人物，指示軌塗，對於吾國家民族文化此一大流之保存與發揚，有貢獻。孔子說：「不患人之莫己知，患不知人也。」應便是這箇意思。

（一九六六年十一月十九日中央日報）

一四　身生活與心生活——桴樓閒話之二

人生，可分為「身」「心」兩部分。雖則身生活必兼心生活，心生活亦必兼身生活，但仍不妨分別論之，可更易明人類生活之眞相。

呂氏春秋載一故事，師徒兩人薄暮進城，適城門已閉，不得已露宿郊野。遇大雪，甚寒。其師云：「今夜雪，盛寒深，我兩人勢難倖免。不如合兩人衣穿一人身，此一人或可勉強度過此夜。我方傳道救世，不宜死，汝當解衣衣我。」其徒說：「我隨師方淺，尚未能傳師道。師欲傳道，當先救我一死。」其師無奈何，乃解衣與徒。當此兩人一番商議討論之際，同樣有其心生活。惟其徒心中，惟知己身生死，視其師赤身斃雪中，漠然曾不動其心。故此徒乃以身生活為主，心生活為奴，即古人所謂「以心為形役」。而其師心中所考慮，則不專縈懷在己身上。明知兩人不得同生，乃捨己救人，此即其心生活能超於身生活之外之證。

身生活與心生活，雖同屬人生之一面，然二者間性質甚不同。有關身生活者，多互相排拒。如一碟飯，飽我之腹，即不能同時飽人腹；一杯水，解我之渴，即不能同時解人渴。一件衣，暖了我體，即不能同時暖人體。凡屬物質方面，莫不如此。故惟知關心身生活者，其心靈必狹小多私。又且聲色、臭味、體膚、口腹切身之欲，只一人自知，一人受用。又多是取之人而供之己，乃是以人之失為己之得，故同時易起爭奪心。

有關心生活者，如情感、如思想，皆可與人共之。一人向隅，舉座為之不懽。一人喜樂，滿室為之開顏。與人以同情，在人得安慰，在己無損失。凡自己有一套思想、知識、信仰、理論，總喜歡公之人人以為快。老子說：「既以為人己愈有，既以與人己愈多。」所以心生活之內容，可以取之人而於人無損，可以公之人而於己益多。其心情可以日趨廣大，其境界可以日趨開明。可以無我無人，古今中外無阻隔而融通為一，則只有在心生活方面。

英國哲學家羅素，曾主人心可分「創造衝動」與「占有衝動」之兩項。「占有衝動」者，凡屬有關身生活物質方面之一切營謀獲取皆屬之。此即我上舉心為形役之一類。「創造衝動」者，如文藝、美術、哲學思想、科學發現、種種心智活動之不必直接有關於身生活方面者皆屬之。此等皆於人類文化有創造，而又非可以占為私有，故謂之創造衝動。羅素意，人類惟盡量刪減占有衝動，提倡創造衝動，乃可走向自由和平之大道。惟西方哲學似於人心體察欠深入，羅素亦然。彼之分別創造、占有兩衝動，並不能包括「心生活」之全部，又不能提供具體而鮮明之修為方法以達成其望。所謂創造衝動，亦不能使人人皆能在此方面有深入，有成就。抑且專從衝動看人心，亦易滋流弊。近來彼已年老，心智衰退，卻又不甘寂寞，仍欲驚動世俗，常為思想界一領導人，乃力主向共產主義妥協屈服，甚至為越戰而主張公審美總統詹森。其實亦是一種占有衝動在彼心中作祟，期能常占有一個人道主義和平運動者之美名而已。創造云乎哉？可知羅素此一心理分法實甚粗疏，彼並不悟人心之占有欲，乃可扮出種種面相從種種途徑而出現。彼之自身，正是一好例。

中國荀子書中曾引「道經」，有「人心惟危、道心惟微」兩句，後來羼入於偽古文尚書中。宋明理學家極重視此「人心」與「道心」之一分別。而闡發此一分別最深切中肯者，則為朱子。其說扼要寫入中庸章句序。大意謂人心生於形氣之私，此即本篇所說有關身生活方面者，人生不能脫離形氣，故曰「雖上智不能無人心」，然因形氣身生活所引生之諸端，則易陷於狹小自私而啟爭，故曰「人心危」。謂道心原於性命之正。儒家所謂「性命」，乃指人生之大本原處，直接上通於天，即大自然。能從此着心，則其心廣大，明通公溥，自能見道大而得理正，故曰「道心」。人心、道心則只是一心，即此在軀體中之心。無人心則不成為人；無道心則人生不能有道。人既同有此人心，亦即同有此道心，故曰「雖下愚不能無道心」。惟因此心拘於形氣，常易為人心所掩，暗昧而不彰，故曰「道心微」。人心危，故須「防」；道心微，故須「養」。此一說法，較之羅素之分創造衝動、占有衝動用意頗相類似，而分別得遠為涵括恰當。又且中國儒家對此心之防戒修養，在方法上有甚深之研究。

近代中國人，追隨西方潮流，亦僅重「身生活」，僅知有物質占有，不知有「心生活」，能發出超乎物質身生活以上性命本原之大道。一聞羅素創造衝動與占有衝動之說，則欣然首肯，認為是西方哲學上一種新理論、新說法。若與之提到宋明理學家「人心」「道心」之說，則鮮不心存鄙夷，認為只是一種陳腐之談，不足復論。其實就身生活言，近代固已遠勝了古代。就心生活言，則人類心性，古今並無大變，而古人在心生活方面所到達之境界，亦並未遠遜今人，抑且猶遠過之。吾國人果能對此一傳統平心加以探討與闡發，將不僅對自己國家民族有益，亦將對世界人類文化有益，此篇所論，則僅偶發其一端而已。

（一九六六年十一月二十七日中央日報）

一五　人學與心學——桴樓閒話之三

一

居今之世，亟當提倡兩種學問。一曰「人學」。一曰「心學」。亦可合稱為「仁學」。孟子曰：「仁者人也。」又說：「仁，人心也。」人有此心，始得為人。故仁學乃是人學與心學之合稱。

人學學「為人」，心學學「養心」。為人之學，重在「與人為人」。養心之學，重在「因心養心」。此兩種學問，乃中國傳統文化精華所萃，而同時又為今世人之所忽，而又萬不可忽者。其亟須提倡之理由在此。本篇試略申其大義。

何謂「與人為人」？乃指為人必在人羣中為之，離了人羣，即不得為。人在人羣中為人，非在人羣中謀生之謂。魯濱遜漂流荒島，主要只求謀生，斯則與其他獸類同居此荒島者不能有大異。必待其重回人羣，乃始有重新做人之環境與可能。丹麥易卜生一劇本，設為有娜拉其人，離家出走，告其夫曰：「我將到社會上做一人，不復在家庭作一妻。」「五四」運動時，此一劇本在中國宣揚甚廣。幾乎認為人生大道即在此。但在家為妻，是亦人職。不得謂為妻即不是人。出至社會，只是另換一身分，或當學校教師，或為醫院看護，或做公司中一職員，或從事任何職業，仍必與人為人。非可脫離人羣，超越人羣，獨立自由，擺脫淨盡一切的人與人關係，抹去了一切在人羣中之身分而赤裸裸地為一人。

西方神話中有亞當、夏娃，成雙作對，來此世界作人。若使夏娃也如娜拉，離開亞當，則將不復有今日之人類。釋迦牟尼逃其妻女，隻身遠去，但他後來還是回入人羣中與僧為僧，也便是與人為人。達摩東來，九年面壁，但彼居住在嵩山少林寺，不如魯濱遜之在荒島。彼亦仍是與僧為僧，在僧羣中作一僧，非脫離超越了僧羣，而可獨立自由地為一僧。故佛教徒雖主張出家，但並未主張出世。若貿然自殺，想求出世，他將依然受輪廻，轉胎投入此世中來，若為僧則依然是在人羣中為人。為人則必有「人道」，必與人為人。此乃人生一大眞理，誰也不能違背。中國古人，自始即認清楚此一事實，從而探索發揚此一事實中之眞理。宏通細密，舉以教人。中國社會即建基在此，中國文化亦導源在此。中國人所講究之人倫道德皆由此來。

二

心則是人之主宰。欲知如何為人，須先知如何「養心」。人生不專為生，更要乃在生而為人。謀食之上須知「謀道」。謀食者以心為形役，謀道必奉心為主宰。人有一盆花，一缸魚，皆知所以養。人有一心，卻不知養，可謂大愚。何謂「因心養心」？心為人人所同有，因此有同然之心。同然者則必歷久而常然。此同然與常然者，又稱為人之本然之心。因不能有超越人羣獨立自由創出此心以強人必然也。既為人之所同然常然而又本然者，則亦必是當然者。人有此當然之心，流出為事，於是有當然之理。能知此心，斯知為人之道；能養此心，斯能眞實踐履此為人之道。故貴能從人學中來認取心，從心學中來作為人，此兩端，交互迴環，成為一體，中國古人則稱此曰「仁」。然使心失其養，則違其當然，異於同然，非其常然，而流俗相沿，轉有即認此以為人心之本然者。故「知心」之學，又為養心之前提。

人之相知，貴相知心。夫婦居室，使兩心不相知，則決然非嘉耦。父母不知子女心，何來有慈道。子女不知父母心，何來有孝道。一切做人道理，全從心中流出。人之軀體，各別分開，故從身生活言，可以爭獨立，爭自由。心則是一大共體，亘古今，通天地，只要是人，則必具此心。心與心之間，則最易相感相通，因其相感相通而成為一「大共心」。亦可謂乃由此一大共心而分別出億兆京垓為數無窮之「個別心」。

人尤貴能認識此大共心，姑舉科學為例，現代科學界日新月異，不斷有發明。某人發明了某一眞理，同時某人又發明了某一眞理，其實在科學中則仍有一大共心，直自知得二加二等於四，到不遠將來之送人上月球，種種眞理，皆由此一大共心中發出。一個科學家，首貴能把己心投入此大共心中，以此大共心為心，而後能成為一個特出的科學家。任何一個大科學家，只能在此科學大共心中突出，不能超越或離去於此科學大共心之外而獨立自由求發明、求突出。科學如此，人生一切皆然。故曰「聖人先得我心之同然」。科學家之發明，只是先得了此科學心之同然。亦只是因心養心而始獲得此果實。

遠自知得二加二等於四，發展到懂得如何送人上月球，還只是此一大共心，此心之所以能不斷有發展，其道則須養。不好好養得，即不能有發展。正如一盆花，一缸魚，不好好養，便萎了死了。但養心不如養花養魚般易知易能。必眞能潛心科學中而自有心得者，乃能默喻此科學之大共心，又知如何能善養而勿失。惟人心廣大，除科學心外，尚有藝術心、文學心、哲學心，及其他種種一切心。皆在此一廣大心之內。即言科學，已是千差萬別。科學以外，又是千差萬別。但種種差別，皆原於人之一心。在此千差萬別之上，復有一包舉此千差萬別之「大共心」。人因有此一大心，故能發明科學，創造藝術，成就文學、哲學。理智如此，感情亦然，意志亦然，以此會合而成一完美的人生。今特隨宜呼之曰科學心、藝術心云云，其實皆相通，只此一「心」。可以有種種表演，種種成就，但不能在此廣大心中各自割據，自立門戶，自築垣牆。如是則道術將為天下裂。縱使因此而完成了各項學問中之專家，卻亦因此而失去了一全整的人。人失去了他的全整性，則必互陷於分裂，循至於人失其為人，而專家亦自失其為專家。至於是而人道大苦。故在此千差萬別各部門學問之上，必該建立起「人學」與「心學」。必求能從人學中流衍出各部門學問之專家。從心學中，流衍出各式各樣的心能與心活動，即是各部門學問之各項智識來。如木一幹萬枝，如水一源萬流。本大則末茂，源深則流遠。中國文化則早能注重人學與心學，知在培本濬源上用工夫，知在綜合匯通上用工夫，此乃中國文化一極大長處所在。

三

現代人意見，若認為人即此便是人，心即此便是心。人與心，正如一筆天然資本，可憑此生利息。一切人事發展，學問創闢，則便是所生的利息。有所謂人類學、心理學等，這都是近代科學中一分支，與此篇所說人學心學無關。正因不講究「為人」與「養心」之學，人生出了毛病，則又有犯罪學、瘋狂心理學等。作人則在職業謀生上。養心則進教堂、電影院與遊戲場。人只如此做，心只如此養。出了問題，便交付與法律與監獄，戰爭與殺伐。人生無共同理想，人心無共同境界，現代人生，遂致全體墮落在身生活物質陷阱中。各自私而互相爭，獨立自由種種呼聲，全從此情況下叫起。各種學問，則離此獨立，分道揚鑣，愈馳愈遠。不從人生出發，不向人道集合，有些與人生漠不相關，有些則僅為身生活物質人生作僕隸。試問送人上月球，是否為解決當前人生問題而付出此甚大之努力？核子武器之不斷發明與推進，是否為領導人生，抑為某種人生之利用。不見有在建築起一切學問之基礎上，匯通此一切學問之中心上，有所用心。中國古人說，「為富不仁」，今則一切學問，皆漸染有「不仁」之嫌疑。此則全是忽略了「人學」與「心學」之大本原而演出此等現象者。

今若問中國文化中所講之人學與心學，其內容究如何，其成就又如何，又將如何發揚光大，使能在現世界人生中見實效？凡此皆非本篇所能及。本篇則僅屬開宗明義，提出此一意見。其他以後待續。

（一九六六年十二月六日中央日報）

一六　談談人生

一

我很高興，今天能有這機會向各位講幾句話。題目是「談談人生」。此題看似輕鬆，但亦許可以說，今天舉世最重要的問題，便是人生問題。

今天是一個動盪的大時代，諸位每天看報，有關國際問題，國內政治問題，社會經濟問題，乃及宗教、學術、教育等諸問題，在在都刺激我們。我們對這一大動盪的時代，任何方面都得使用我們的聰明來作察看，來求應付。但從另一觀點講，無論是國際的、國內的、政治的、經濟的、宗教的、教育的，種種問題與事變，固然都可影響我們的人生。而除此許多問題以外，實還有一個「人生」問題獨立存在。也可說，人生問題是根幹，其他一切問題都是枝節。人生問題是中心，其他一切問題都是外圍。從歷史上看，政治、經濟、宗教、學術諸方面，常有大變動發生，而人生問題則變動較少，但今天則人生問題顯然單獨成了一大問題。在時代大動盪中，尤其見得其動盪。

我個人在近幾年來常注意這問題，我不能到處跑，只從報紙上，或從別人談話中，看到聽到。可以說，今天是全世界人類人生，從其本質上發生了問題。近一年半來，我曾隨時筆錄這些材料，已有一百條以上，姑舉一例：英國倫敦大學及其他一所大學，在今年，曾對高中三年級男女生發出一項調查，關於男女性交，認為在婚前發生係不正當者，男生占百分之十點三，女生占百分之十四點六。七年前，也對同樣問題調查過一次，男生占百分之二十八點六，女生占百分之五十五點八。此一則新聞，諸位讀報，或易忽略過。但在我視之，此是一項驚心動魄的大新聞。由此牽連到墮胎問題，最近又有一調查統計，倫敦女子，十六歲以下墮胎的有多少，十九歲以下的有多少，十九歲以上的又有多少，數字記不清，不擬在此再述。我只舉此一例，其他暫不涉及。好在這類事情，諸位只要留心，中外各報，幾於觸目皆是。

上述風氣，此刻幸而尚未傳播來香港，但以後說不定會來，如學校應否灌輸所謂性教育？應否將該項電影向學生放映？最近香港，已曾有過此討論。英國人主張正面。中國人多主張反面。然而風氣傳播很快，已成了時風眾勢，說不定將來此地的中國人會改變態度，主張採用西洋方法。

二

上之所述，足可證明全世界人生，都已在本質上起動盪。我從許多新鮮問題中，常懷念到孔子論語中的兩句話。說：「己欲立而立人，己欲達而達人。」「立」是要自己站得定，如果自己站立不定，在此激盪人生中，說不定會失去了今日之我，徹頭徹尾另換一新人。不僅我如此，我之父母、夫婦、兄弟、子女皆可如此。三五年後之人，可以變成全不是今天之人，如此想來，豈不可怕。

最近報載，香港有一所中學，為剪去一學生之長髮，引起軒然大波。有人贊成，有人反對。此亦成了一問題。此刻固然只是一小問題，但說不定再過四五年，我再來此地演講，在座聽眾，盡蓄了長髮，如此之變，卻不能還說是一小問題。

孔子之所謂「立」，乃在大家喜愛蓄長髮時，有人堅持不留長髮。所謂「達」，則如前面有一條路，由我獨走，而又走得通。此在中國成語中，謂之「特立獨行」。此刻大家都不知該站定在那裏，也不知前面有何路可走，隨波逐流，日新月異，茫不知其所趨向。如此多少年後，將會舉世面目全非，我亦不復是一我，其他則復何論。我所以今天要提出人生問題來同大家討論，意即在此。

中國古人有「大同異」與「小同異」之辨。我可以這樣說，只有「人生」問題是一個大同異。

其他一切問題，則全屬小同異。若有人信從自由民主，也有人反對自由民主，雙方可以各成黨派，絕不是單獨一人如此，故此只是一小同異。其他種種皆然。只有人生問題便不然。夫婦間，父母、子女、兄弟、姐妹間，各人問題各不同，各人有各人的一個人生，此之謂「大異」。但只要是一人，古今中外，同此人生，莫能自外，此之謂「大同」。人生問題之重要性就在此。所以超出於政治經濟等種種問題之上而獨自成為一問題。

我們在此人生動盪之大時代，我想提出幾個人生的共同大原則、大標準，從其大同處來和諸位討論研究。至於其大異處，則待我們各憑自己聰明才力，各從人生之大同處，來自我解決。但我今天，則只能講一點，不及其他。

三

今且試問，人生究是個什麼？也有人說，人之一生，就是人生。但此話太渾括，太籠統，說了等於不說。我們可否只用幾個字，幾句話，來說盡我們各人的人生，乃至古今中外一切的人生呢？我想人生只是一體而兩面，一為「業」，一為「性」。通俗言之，則為「事業」與「性情」。我此所謂事業，乃指廣義言。如在政治、經濟、宗教、教育、文學、藝術、科學、發明種種方面之建功立業以外，凡屬職業，亦係事業。再推廣言之，一日三餐，早起晚睡，亦是人生中的事業。而且亦可說，乃是人生中不僅最普通，亦係最偉大之事業。人人都要飲食睡眠，孔子、釋迦、耶穌、穆罕默德皆不能免。如此概括言之，全部人生只是一事業。正如佛家所說，人只為一大事出世。

今再問，人何以要喫？則為肚子餓。人何以要睡？則為身體疲倦。為何會餓會倦？則屬生理問題，此亦屬於人之性情。若使人能不喫不睡而活着，豈不大自由。但如此則成為一仙人，換言之，乃是一非人。只要是人，則必有其性情。

今再申說，人當飢渴時，便感覺不舒服。得飲得食便舒服。飲食是事業，舒服不舒服，則屬性情。人生一切事業，皆本源於性情，又皆歸宿到性情。又如兩人同時同地同喫一頓飯，一人快樂，一人不快樂，此或由兩人體況不同，或由兩人素常習慣不同，或由當時兩人遭際不同。同一事業，而反映出兩種性情。今試問：此等處，究當以性情為重，抑以事業為重？

所以我說，「事業」「性情」，乃人生之一體兩面。事業在外面，與人共見；性情在裏面，惟我獨知。如我在此演講，這也是事業。但講時的聲音笑貌，並不如一架機器，只把所藏知識向外播出便是，而實必具有一番感情，與此事業同時並進。諸位聽講，必然各有反應，亦是性情夾着知識。知識較具共同性，而性情上之反應，則人各相異。即如飲水冷暖，亦各有性情反應，不能與人共知。

各人性情相異，正是人生中一大祕密，藏在各人心中。人生有此祕密，便是各人之安身立命處。可不從看得見處與人相比相爭。只堪自怡悅，不堪持贈君。若必在看得見處與人相比相爭，此只是自尋煩惱。一人喝鷄湯、喫魚肉，另一人喝菜湯、喫豆腐，人各自得，大可不必相比，而且也不能相比。各有各的滋味，各有各的滿足，只能自己體會，不待向外尋覓。

人生可說沒有一分一秒鐘是虛度白過了。一切經歷，全保留着。此所謂自作自受。正如把數字投進計算機，其積數全存藏在電腦紀錄中。列子書中有一寓言，說有一皇帝，每晚必做噩夢，作一苦工。在彼國內，有一苦工，每晚必夢為皇帝。那皇帝知道了，喚來那苦工，要求和他互調職位，但那苦工拒絕了，說皇帝命作何事，所不敢違。只不願捨棄了「我」來作皇帝。此兩人事業不同，何以皇帝要夢做苦工，正為其日間事業，必有於心不安。而此苦工，日間雖勞碌，但是心安理得，所以每晚必獲美夢。從這裏看，可知人生當有一大抉擇。究當看重事業，抑當看重性情？究應在共見處與人相爭，抑在獨知處自求多福？此一故事，深印我腦海中，已歷六十年。到今天，仍覺得此番寓言，實涵蘊着人生無窮眞理。

四

今世有些人，別人從其外表事業上看，他們非不偉大，也似乎非常得意。但在其內心上，卻總不安，多有憂戚，多有煩惱。這裏有一大祕密，旁觀者看不見。更嚴重的，是那些人儘向外面爭，連自己獨知處，也漸模糊黯淡，如明鏡蒙塵，失了其明照之本性。然而縱所不知，還是有知，正因在他內心深處，所以使心不安。今天的世界，此等人太多了，於是整個世界，像在做一大噩夢，沉沉難醒。無論在國際形勢上，各國內政上，社會經濟上，宗教教育上，一切一切，都像陷在一大噩夢中，呻吟掙扎，而不知其根源之所在。在其間，若有人，能立能達，能不失其性情之正，此人事業雖小，卻不失為能堂堂地做一人。此人也無他大異，用中國古人成語來說，他只是不失為一「性情中人」而已。

如今天在座諸位，進了文學院，讀着中文系，若論出路，大家俱知，不如學理工科的好。但諸位不計較將來功利，寧願來投此冷門。若果是出於諸位性情上之選擇，則安知非諸位畢生幸福之所在。此則須諸位自去體會。

再進一步言，諸位畢業後，必然會各就事業崗位，或結婚，或出國留學，或謀一職業，其間可以千差萬別，但人生主要，則決不在此。中庸上說，「天命之謂性」，只有「性情」，出之天賦，與生俱來，到老死不得放棄，此乃人生唯一主要處。但有一點，當特別提出，加以說明。諸位若認為性情一成不變，此固不錯，但只說對了一半，另有一半未說到。此所謂只知其一，未知其二。人之性情，固是「先天稟賦」，亦是「後天培養」。這話如何說呢？如香港人喜歡養狗，所養有各式各樣的狗。有獅子狗、北京狗、貴婦狗、狼狗、狐狸狗，其他種種。諸位當知，狗是人類最親近的朋友，常在人文陶冶之邊緣。此許多種狗，並非原始就如此。所有分別，並非全出先天稟賦，乃是經過了後天培養，不斷教練改造而成。如兩人同養一狗，屬於同一種類，但經若干年後，此兩狗又可不同。在形體上，性格上，智慧才能健康狀況上，皆可有不同。此何故，不外一能養，一不能養。能養者乃能盡狗之性，不能養者則不能盡狗之性。某一人所養，能獲到十分成績。另一人所養，則只養到二三分乃至七八分。此只在能盡性與不能盡性上。

又如狼狗與狼狗交配，所生是純種的小狼狗。但若狼狗與別種狗交配，所生便為雜種。若漫不加意，雜又加雜，只要三五代，便再不是一狼狗，已是變了種，而又不成種，只成一野狗，此亦人所共知。可見狗之成種，都由後天培養，並不能專賴先天稟賦。失去培養，即會退化。故狗之成為各式各樣的品種，而具有各式各樣的性格。有上品、有中品、有下品；有貴種、有普通種、有雜種。只經識者一眼，便能知道。而每一種之來歷，可能已培養了幾百年乃至千年以上的歷史。若想在短時期培養一新品種，期望其能具新性格，此事大不易。

以上只舉狗為例，其他動物植物，莫不如此。人為萬物之靈，所以人更須培養，更須訓練。而人與人間，亦有各異的品種，各異的性格。不過人在品種性格上之變遷，應較其他動物為易。孔子說：「性相近也，習相遠也。唯上智與下愚不移。」可見只要後天培養，所謂「習與性成」，其不易變遷的，則只是少數中之少數。

但如我上講狗的方面，西方人比較易接受。講人的方面，則不然。因只有中國人，在此方面較看重，西方人則另有別一看法。中國文化積有五千年的傳統。西方文化，至少也已三千年以上，宜乎中西雙方人之品種性格，可有不同。此都是雙方幾千年文化傳統所影響。培養成人，其事不易。但特別看重在人之品格與性情的，則只有中國人。

五

中國人把人分作聖人、賢人、善人、君子與小人、惡人，甚至至今還罵人不是人。同樣是圓顱方趾，同樣是頂天立地，天賦人權，人人平等，為何可以罵人「不是人」？又說是「衣冠禽獸」。此等地方，中西觀念實有不同。若講到人之事業與其日常生活，雙方易相接近。但在性情方面，則中國人自有一番講究，經過長時期文化陶冶，驟然間想要變成一西方人固不易，而要使一西方人驟然變成一中國人亦困難。一個中國人，去外國三五年，成一事業有成就的新人物，其事易。但內在性情則不易改，他將仍為一中國人，若其事業性情，不相配合，不相協調，便會產生苦痛。此層若更往裏講，可能使諸位感到有些過分。但諸位不妨權當把此一問題，在諸位所見聞所親歷之眞實人生中去求了解。

所以我認為中國人最好的發展，還是應該讓他仍做一中國人，保留中國傳統中所看重的「性格」與「品種」的觀念。縱使西方人不講究到這些上，但要使拉丁人、條頓人、斯拉夫人三方互易，其事甚難。又要使歐洲人轉變為阿拉伯人、印度人、非洲人，事更不易。其間果是有天時地理等種種關係，但更重要的，乃是文化關係，乃是人類經歷了長時期的後天培養之關係。若我們一意要模倣外國，從事業上更深透進到性情上，至少在人生之一體兩面中，要削去一面，只留一面，此是大問題，深值研討。

六

如上所說，我們中國人先該認識如何才是一中國人。此層大不易講。但已如箭在弦上，不得不發，我只有挑選一條比較簡單直捷的路，為此問題，略作申論，以待諸位之繼續尋求。

我認為要在某一文化體系中，瞭解其人生而又能深入到其內心深處之性情方面，其事莫要於先從其文學與藝術着眼。因此二者，最足表顯出人之性情，亦是由人之性情之所透露而創出。今試把中西雙方人生，從其文學藝術中，拈出幾項相異點作一比較。

一、淡與濃

在滋味與色彩上，有「淡」與「濃」之別。把來作譬喻講人生，中國人比較注重在「求淡」。如說：「君子之交淡如水，小人之交濃於酒。」又說「淡泊明志」，又說「淡雅高淡」、「淡於名利」。過一種恬淡人生，此為中國人之理想。西方人似乎比較喜歡濃。雙方在文學藝術上，都可看出此一分別。如中國平劇，雖重忠、孝、節、烈，但演來卻有一種恬淡之味，叫人欣賞，能使人心氣和平。西方話劇乃至電影，則要刺激人的成分多過叫人欣賞的成分。若在夜間看中國平劇，回來即可入睡，看西方電影，回來可以睡不着。「淡」與「濃」，是中西人生一大分別。但現代的中國人自然也多偏向後者了。

二、靜與躁

從前多有人主張，中國文化主靜，西方文化主動，其實動中有靜，靜中有動，不能嚴格分開。只有「靜」與「躁」可以對立。我們說「靜為躁君」，又說「稍安毋躁」。今說靜，是「安靜」，躁是「躁動」；中國人生比較地安靜，西方比較地躁動。一農村與一商業碼頭，形形色色，顯見靜躁之別。報載一美國人駕駛汽車，後座一美國人、一中國人。美國人噪着要快駛，要超車，中國人主張不妨慢一些。此雖小節，可以喻大。今天則西風壓倒了東風，向前進取，革命冒險奮鬥努力種種呼聲，其實總有些「躁」的意味。諸君應憑此兩字在文學藝術中深深體會，乃可在陶冶性情上有幫助。

三、藏與露

此亦可說為深與淺。「深藏」與「淺露」，又是一大分別。中國人比較不喜炫耀暴露。所以說：「大智若愚，良賈深藏若虛。」又說：「萬人如海一身藏。」西方人喜露，喜表現。商品放橱窗中，還要加以裝飾，招惹人看。亦更沒有不作廣告之商業。此風傳染到一切商業化，政府學校也重宣傳；政治家、學者，亦要注重自我表現，跡近商人化。其實此種分歧，已在雙方文學藝術中深植根基。

四、平與奇

此亦可稱為「平常」與「奇險」。中國人總是愛平常，西方人則比較愛奇險。此亦表現在雙方文學藝術中。今天西風東漸，平平常常的人生，受人厭棄。人人要出奇制勝，人人願履險如夷。沒有曲折中橫生曲折，沒有問題中挑出問題，沒有刺激中添上刺激。我們現代新小說的新人生全如此，而我們的新人生，也幾乎全可入新小說。藝術亦然。古人用盡工夫，要人見若平常。今人儘求不平常，一派奇險，卻可省用工夫。

七

上面只舉了四點，但由此可以牽連到其他方面，不煩一一詳說。在我並不要說中國的好，西方的不好，只要指出雙方有不同。即從外形看，中國人臉部較為平面化，西方人高鼻深眼，比較立體化。那能叫中國人全似西方人。我也並不說西方電影不好看，無可動人處。但若我們能來一套純正中國風格的電影，能具有淡靜深藏，平平常常的特性，至少亦會受人欣賞，而且必然會直扣心弦，在中國人內心深處發生感動。

今天大家寫白話文，我也不反對。但白話與文言之分，並不即可算是文學上的新舊之別。若儘把西方文學中的觀點來移作我們文學的題材，儘把西方文學的風格來變成中國文學之體貌，在我看來，似乎此事大可商榷。我總認為中國人應在其自己文化傳統之下，即在自己這一套歷經四五千年文化陶冶而成之特有性情之下，自求出路。其最主要的任務，卻該交與「文學」與「藝術」兩項。要使在此兩項中，使我們現代的中國人，一如游子回故鄉，又如在明鏡前重睹真我面目。要能發掘得我們的自我性情，然後從性情發為事業，從性情創出人生，那纔是我們當前應有的理想。

若能執兩用中，在西方人生中，精擇其好的一部分，吸收過來，使中國人生多獲新刺激，新注射，而有其新生機，新開展，那自然更好。然而此事絕非輕易急速可冀。若儘是邯鄲學步，東施效顰，先把自己失掉了來模倣人家，又能如何般模倣。而且先要把自己丟掉，將使自己性情已不得其安，而專一着眼在事業上，此將如沙上築塔，水中撈月，最近一百年來之演變，豈還不夠引起我們的警惕嗎？

今天我說話已多，臨了再作一總結，奉勸諸位，莫要太看了外面事業，而忽略了內部性情。性情也不是生來就如此，便可滿足，須注意後天培養。從個人言，各該當心不斷自修自養。從大羣言，中國人性情，已經四五千年長期文化陶冶，即四五千年之後天培養，而成為今天的中國人。我們要認識中國人性情來培養我們自己性情，最好能注意一些中國的文學與藝術。這不是要諸位都來做文學家與藝術家，乃是要諸位從文學與藝術之園地中多所采擷，來幫助自己作人生的修養。事業是公開的，性情是秘密的。人生精髓所在，乃在此不公開的秘密部分。天地至大，萬物至博，人生最高真理，乃在各自完成其一「我」。西方人所謂自由、獨立、博愛、平等，皆當由此闡入，纔見深處。

我因今天所講，有關每一人之人生，本想儘量從淺顯明白處講，好使人人領略。但說了這許多話，仍嫌與我原意不符，則請諸位原諒。

（一九七一年六月三日香港大學演講，刊載中央日報七月二十一二十四日）

《錢穆作品集》（典藏本）

第一輯

孔子傳
論語新解
四書釋義
莊老通辨
宋明理學概述
陽明學述要
學籥
人生十論

第二輯

中國思想史
中國歷代政治得失
中國歷史精神
中國歷史研究法
中國史學名著
秦漢史
國史新論
讀史隨劄